基礎からわかる
水処理技術
Water Treatment Technology

タクマ環境技術研究会 編

Ohmsha

本書を発行するにあたって，内容に誤りのないようできる限りの注意を払いましたが，本書の内容を適用した結果生じたこと，また，適用できなかった結果について，著者，出版社とも一切の責任を負いませんのでご了承ください．

本書は，「著作権法」によって，著作権等の権利が保護されている著作物です．本書の複製権・翻訳権・上映権・譲渡権・公衆送信権（送信可能化権を含む）は著作権者が保有しています．本書の全部または一部につき，無断で転載，複写複製，電子的装置への入力等をされると，著作権等の権利侵害となる場合があります．また，代行業者等の第三者によるスキャンやデジタル化は，たとえ個人や家庭内での利用であっても著作権法上認められておりませんので，ご注意ください．

本書の無断複写は，著作権法上の制限事項を除き，禁じられています．本書の複写複製を希望される場合は，そのつど事前に下記へ連絡して許諾を得てください．

出版者著作権管理機構
（電話 03-5244-5088, FAX 03-5244-5089, e-mail : info@jcopy.or.jp）

JCOPY ＜出版者著作権管理機構　委託出版物＞

は　じ　め　に

「21世紀は水の世紀」といわれる。これは、1995年に当時世界銀行の副総裁であったイスマル・セラゲルディン氏が「20世紀の戦争は石油をめぐる戦争だった。21世紀の戦争は水をめぐる戦争になるであろう。」と発言したことが発端とされている。背景には、水不足が世界的な人口増加の影響もあって深刻な問題となり、水資源獲得のための争いが世界各地で頻発する、あるいは水資源確保のための国際的な協調が大きな課題になるとの予想がある。

利用可能な水を確保するためには、取水源となる水域の水環境を良好な状態に保つとともに、水の効率的な利用を推進することが重要である。水環境を良好な状態に保つためには、水環境に流入する水を汚染しないことが原則であり、水処理技術が重要な役割を担う。また水の効率的な利用のためには、一度利用した水を処理して再利用することが有効な手段であり、水処理技術が必須である。

一方で、水は利用用途に応じて必要となる水質が異なる。例えばトイレ用水は、消毒がなされていて使用者が不快に感じない程度に浄化されていればよいとされ、必ずしも飲める水である必要はない。つまり、すべての水を飲料水レベルに処理することは、エネルギーやコストの浪費で「もったいない」ことであって、適切な処理方法を選定して利用用途に必要な処理を施せばよい。水処理技術は本書で紹介したように多種多様なものが実用化されているが、これらを目的に応じて適切に実施することは水環境の保全、ひいては利用可能な水の確保という観点からも非常に重要である。

本書は、2000年8月の初版以来14刷を数えた「水処理技術　絵とき基本用語」を基とし、最新の技術や社会の動向をふまえて各種の新しい情報を加筆・修正し、「基礎からわかる水処理技術」としてまとめたものである。執筆は、環境保全設備を提供している株式会社タクマの技術者グループ「タクマ環境技術研究会」が担当した。水処理に関心を持たれた一般読者の方々にも理解しやすいよう、また関連分野の技術者や学生の参考となるよう、図や絵を用いてわかりやすく記載するとともに平易な解説とし、さらに資料を充実させている。本書により水処理についての理解が進み、その重要性を感じていただく際の一助になればと願っている。

なお、タクマ環境技術研究会編でオーム社の「絵とき基本用語」シリーズとして発刊されている「ごみ焼却技術　絵とき基本用語」、「大気汚染防止技術　絵とき基本用語」、「絵とき下水・汚泥処理の基礎」も併せてご覧いただければ幸いである。

2015年2月

芝　川　重　博

タクマ環境技術研究会 編集委員・執筆者（五十音順）

（新版）基礎からわかる水処理技術

- 委員長　芝川　重博
- 執筆者　入江　直樹　[2章]
- 　　　　岩崎　大介　[12章]
- 　　　　奥田　正彦　[4章]
- 　　　　株丹　直樹　[8章、11章]
- 　　　　岸　　研吾　[3章、9章]
- 　　　　宍田　健一　[1章、2章、5章]
- 　　　　土井　知之　[6章、11章]
- 　　　　林　　英明　[7章]
- 　　　　松田　由美　[7章、10章]
- 　　　　水野　孝昭　[7章、8章]

（旧版）水処理技術　絵とき基本用語

- 委員長　野村　稔郎
- 副委員長　若村　保二郎
- 執筆者　安宅　敏治　[9、10章]
- 　　　　石原　　篤　[3章]
- 　　　　岩本　真介
- 　　　　大川　良一　[12章]
- 　　　　奥藤　　武　[11章]
- 　　　　金沢　　優　[12章]
- 　　　　坂上　正美　[4章]
- 　　　　宍田　健一　[5章]
- 　　　　菅原　秀雄　[付録]
- 　　　　西沢　房雄　[3、10章]
- 　　　　春木　裕人　[6章]
- 　　　　藤田　雅人　[7、8章]
- 　　　　村山　穣治　[1、2章]

目次

はじめに

第1章 水質汚濁 1
～公害から水環境への歴史～

- 1.1 水質汚濁の歴史 2
- 1.2 水質汚濁の発生源 4
- 1.3 排水の性状 6
- 1.4 水質汚濁の状況 8
- 1.5 水の流れと水質汚濁 10
- 1.6 水環境保全に係わる法体系 12
- 1.7 行政と水質汚濁の防止対策 14
- 1.8 水質汚濁防止技術の発展 16
- 1.9 水環境に係わる課題 18

第2章 水処理設備の概要 21
～命の水を守る施設～

- 2.1 上水道施設（厚生労働省） 22
- 2.2 下水道施設（国土交通省） 24
- 2.3 し尿処理施設（環境省） 26
- 2.4 最終処分場浸出水処理施設（環境省） 28
- 2.5 農業集落排水事業（農林水産省） 30
- 2.6 清掃工場汚水処理設備（環境省） 32
- 2.7 産業排水処理設備（民間） 34
- 2.8 浄化槽設備（国土交通省、環境省） 36
- 2.9 脱臭設備 38

第3章 物理・化学処理法 ……………………………… 43
～基本技術からハイテクまで～

3.1 沈降分離 ………………………………………… 44
3.2 凝集分離 ………………………………………… 46
3.3 浮上分離 ………………………………………… 48
3.4 ろ過 ……………………………………………… 50
3.5 膜分離 …………………………………………… 52
3.6 RO膜（逆浸透膜）分離 ………………………… 54
3.7 活性炭吸着 ……………………………………… 56
3.8 イオン交換 ……………………………………… 58
3.9 酸化分解 ………………………………………… 60
3.10 消毒 …………………………………………… 62
3.11 電気透析 ……………………………………… 64

第4章 生物学的処理法 ……………………………… 67
～ミクロの決闘～

4.1 活性汚泥法 ……………………………………… 68
4.2 生物膜法 ………………………………………… 70
4.3 担体法 …………………………………………… 72
4.4 嫌気性処理法 …………………………………… 74
4.5 硝化脱窒法 ……………………………………… 76
4.6 生物学的脱リン法 ……………………………… 78
4.7 アナモックス法 ………………………………… 80
4.8 土壌処理法 ……………………………………… 82

第5章 有害物質の処理技術 ………………………… 85
～環境汚染の救世主～

5.1 有害物質の概要 ………………………………… 86

5.2	カドミウム、鉛廃水の処理	88
5.3	6価クロム廃水の処理	90
5.4	水銀廃水の処理	92
5.5	シアン廃水の処理	94
5.6	ヒ素・セレン廃水の処理	96
5.7	農薬廃水の処理	98
5.8	PCB廃水の処理	100
5.9	有機塩素化合物・ベンゼン廃水の処理	102
5.10	ふっ素・ほう素廃水の処理	104
5.11	アンモニア・アンモニア化合物・亜硝酸化合物・硝酸化合物廃水の処理	106

第6章 下水処理設備の概要 ……………………………………… 109
〜第4のライフライン〜

6.1	下水道の状況	110
6.2	下水道の体系	112
6.3	下水道の施策	114
6.4	下水の処理	116
6.5	下水高度処理	118
6.6	下水汚泥処理	120
6.7	今後の下水道	122

第7章 汚泥処理 ……………………………………………………… 125
〜よみがえる不死鳥〜

7.1	汚泥処理の状況と目的	126
7.2	濃縮	128
7.3	消化	130
7.4	脱水	132
7.5	コンポスト	134

7.6　燃料化 ……………………………………………………… 136
7.7　返流水対策 …………………………………………………… 138

第8章　汚泥焼却・溶融設備の概要 …………………………… 141
　　　　～火の鳥とマグマ～

8.1　汚泥焼却・溶融の状況 ……………………………………… 142
8.2　焼却プロセス ………………………………………………… 144
8.3　溶融プロセス ………………………………………………… 146
8.4　熱回収プロセス ……………………………………………… 148
8.5　排ガス処理プロセス ………………………………………… 150
8.6　灰の処理処分 ………………………………………………… 152
8.7　創エネルギー型汚泥焼却システム ………………………… 154

第9章　し尿処理設備の概要 …………………………………… 157
　　　　～し尿処理の歩み～

9.1　し尿処理の歴史・体系 ……………………………………… 158
9.2　し尿処理方式の変遷 ………………………………………… 160
9.3　高負荷脱窒素処理法 ………………………………………… 162
9.4　浄化槽汚泥対応型し尿処理方式 …………………………… 164
9.5　汚泥再生処理センター ……………………………………… 166
9.6　下水道放流型し尿処理方式 ………………………………… 168

第10章　埋立浸出水処理設備の概要 …………………………… 171
　　　　～地下水を守れ～

10.1　廃棄物の処理、処分 ………………………………………… 172
10.2　最終処分場の機能 …………………………………………… 174
10.3　最終処分場からの浸出水 …………………………………… 176

10.4	浸出水処理設備 ………………………………………………	178
10.5	微量汚染物質の処理 ……………………………………………	180
10.6	浸出水処理設備の維持管理 ……………………………………	182

第11章 低炭素・循環型社会への貢献 …………………… 185
～水処理は資源の宝庫～

11.1	水処理施設で発生する「資源」………………………………	186
11.2	処理水の有効利用 ………………………………………………	188
11.3	汚泥の有効利用 …………………………………………………	190
11.4	汚泥のエネルギー利用 …………………………………………	192
11.5	その他のエネルギーの有効利用 ………………………………	194
11.6	有効成分の回収 …………………………………………………	196

第12章 水質と関連法規 ………………………………………… 199
～水の羅針盤～

12.1	水質の表示・計量に関する基本事項 …………………………	200
12.2	分析の方法 ………………………………………………………	202
12.3	環境基準：人の健康に係わる水質項目 ………………………	204
12.4	環境基準：生活環境に係わる水質項目 ………………………	206
12.5	環境基準項目の後続グループ …………………………………	212
12.6	水質汚濁防止法 …………………………………………………	214
12.7	下水道法 …………………………………………………………	218
12.8	最近問題となっている水質 ……………………………………	222

参考文献 …………………………………………………………………… 225
索引 ………………………………………………………………………… 230

水 質 汚 濁
〜公害から水環境への歴史〜

- 1.1 水質汚濁の歴史
- 1.2 水質汚濁の発生源
- 1.3 排水の性状
- 1.4 水質汚濁の状況
- 1.5 水の流れと水質汚濁
- 1.6 水環境保全に係わる法体系
- 1.7 行政と水質汚濁の防止対策
- 1.8 水質汚濁防止技術の発展
- 1.9 水環境に係わる課題

1.1 水質汚濁の歴史

　わが国は、昔から山紫水明の国として美しい自然があった。それが一変したのは、戦後の復興が一段落し、産業の発達と人口の都市集中が起こった昭和30年代からである。水質汚濁の歴史は、公害による大きな社会的事件として始まり、大規模に展開される水質汚濁の社会的問題へと推移した（**表1.1**）。

　公害の歴史は古く明治期に起こった足尾鉱山鉱毒事件に始まる。銅山から流出する重金属によって、渡良瀬川流域の住民や環境に多大の被害を及ぼしたもので、公害史上の原点ともいえる。戦後になり、1956（昭31）年、公害患者が正式に報告されたのが、水俣病事件である。熊本県水俣湾に流れ込むチッソ工場廃水に含まれる有機水銀によって、魚をよく食べていた多くの住民が神経系の病気に苦しめられた事件である。その後、富山県神通川流域ではイタイイタイ病が発生した。三井金属神岡鉱業所の工場廃水に含まれていたカドミウムが原因であった。さらに、新潟県阿賀野川流域で昭和電工の廃水による公害も発生した。これ以外にも、各地で水質汚濁による公害が発生して1950～60年代にかけ、大きな社会問題となった。

　また、昭和30～40年代の高度成長期の急速な産業の発展に伴って汚染物質の排出が急増して水質汚濁が進み、河川、湖沼などは異臭が発生し魚等が住めなくなり、海域では赤潮などで魚類が死滅したり、水質汚濁による被害は全国至るところに現れ、国民生活に多大の影響を及ぼすようになった。

　事の重大さに鑑み、国は1967（昭42）年に公害対策基本法を制定、1970（昭45）年に水質汚濁防止法、廃棄物の処理及び清掃に関する法律、海洋汚染防止法等の法律を次々と発布し、また下水道の普及を図るなど対策に努めた結果、産業廃水関係の処理が進み、生活排水処理の整備とあいまって、80年代にはようやく河川などの水質浄化が実感できるようになった。90年代にも環境基本法の施行、水質基準の強化、高度処理の導入など絶えざる努力を重ねてきた結果、水辺の生活がかなり取り戻せるようになってきた。しかし、一方では環境汚染問題は複雑化、多面化、広域化し、富栄養化、有機塩素化合物をはじめとする微量物質による汚染、さらには温暖化など地球環境規模の環境問題も顕在化してきた。

表1.1 公害年表（水質汚濁関係）

年	事　項
明治期	・栃木県の足尾鉱山鉱毒事件
大正期	・都市において工場排水や生活排水による水質汚濁、地下水の汲み上げによる地盤沈下が発生
昭和期	・国策のもと公害問題は消された。
1937(昭12)年	・鉱業法に、鉱業権者に対する無過失損害賠償責任規定が加わる。
1949(昭24)年	・東京都公害防止条例制定
1953(昭28)年	・最初の水俣病患者発生
1955(昭30)年	・第17回臨床外科医学会で、富山県神通川流域において原因不明の奇病があることの報告（イタイイタイ病）
1956(昭31)年	・5月新日本窒素肥料株式会社（現在のチッソ株式会社）水俣工場付属病院から水俣保健所に対して奇病発生の報告（水俣病）
1958(昭33)年	・江戸川の製紙会社の汚水事件で沿岸漁民が工場へ乱入（浦安事件）
1963(昭38)年	・沼津・三島地区への石油コンビナート進出に対して、住民の強い反対運動
1964(昭39)年	・新潟県阿賀野川流域に水銀中毒患者が発見される。（第2水俣病）
1965(昭40)年	・静岡県田子の浦で製紙工場の廃液によるヘドロ公害が問題
1967(昭42)年	・8月「公害対策基本法」が公布・施行
1969(昭44)年	・熊本水俣病訴訟
1970(昭45)年	・11月「公害対策基本法」の改正、「水質汚濁防止法」の制定 ・笹ヶ谷鉱山周辺における砒素の環境汚染を島根県が確認
1972(昭47)年	・瀬戸内海の大規模赤潮発生による漁業被害の拡大
1984(昭59)年	・「湖沼水質保全特別措置法」成立
1986(昭61)年	・環境庁「トリクロロエチレン等の排出状況及び地下水等の汚染状況について」発表
1993(平5)年	・「環境基本法」の施行

1.2 水質汚濁の発生源

河川、湖沼、海域などの公共水域の水質を汚濁させる物質を排出するものとしては、下記のものがある（**表1.2、図1.2**）。

生活排水　人々の生活に伴い発生する排水である。家庭におけるし尿（水洗トイレの洗浄水を含む）を始めキッチン、洗濯、風呂、洗面排水等である。家庭以外に学校、工場、各種ビル、ターミナル施設、娯楽施設、ショッピング施設、飲食施設、スポーツ施設、公共施設などから出る生活系排水がある。汚濁物質の代表としては「BOD」といわれる有機性物質、「SS」と呼ばれる浮遊物質である。その他に油分、界面活性剤、窒素、リンなどが含まれる。

産業排水　産業活動に伴い発生する排水である。作る製品、工程によって多種多様である。製紙、食品、製鉄、自動車、電気・電子製品、石油製品、船舶、化学工場など実に多用な産業から排出されるので、その排水の種類、量、質は、千差万別である。有機物質の他に重金属、有害化学物質が含まれている例が多いので、放置すると公共水域、地下水、土壌汚染の原因ともなり、時として環境への深刻な影響を及ぼす場合がある。

廃棄物からの排水　一般家庭および事業所からの一般廃棄物は、年間約5 000万トン、産業廃棄物は約4億トンが排出される。この多くは中間処理され、最終処分場に埋め立てられる。ここから、雨水によって廃棄物に含まれる汚染物質が洗われ、浸出水として流出する。不適切な処分を行うと、時として水域や地下水汚染を引き起こす恐れがある。含まれる汚染物質としては、BOD、CODやSSのほかにカルシウム、塩類、重金属、微量汚染物質が挙げられる。

面源系の排水　従来、家庭や工場など特定された汚染発生源（点源系）が問題になっていたが、その対策によって公共水域の汚濁が次第に解消されていくにしたがって、別の特定されない汚染源が問題となった。特に湖沼など閉鎖水域では、その影響が大きいとされている。舗装された道路や広場の表面は普段各種の埃や汚染物で汚染されており、雨が降ったとき、これらの汚染物は雨水と共に公共水域へ流れ出す。これが汚染源を特定しにくい面源系の排水であり、ノンポイント汚染と呼ばれるものである。

農薬・肥料　農用地に散布された農薬や肥料の一部が地下浸透したり、水に溶けて公共水域に流出することがある。農用地は広大なので、

その汚染源を特定することは難しく、対策がとりづらいという面がある。これら事業系の排水も面源系に分類される。

表1.2 水質汚濁の主な発生源 <文献 1-1>

区分		排水の発生源	発生箇所（例）	排出箇所
点源系	生活系	一般家庭からの排水	台所、風呂、洗濯、トイレ	下水道終末処理場
				農業集落排水処理施設
				コミュニティプラント
				し尿処理施設
				合併処理浄化槽
				単独処理浄化槽
				家庭からの生活雑排水
	工場系	工場・事業所からの排水	製造過程における洗浄、冷却、希釈、床洗浄など	下水道終末処理場
				個別排水処理施設
	畜産系	畜舎からの排水	舎内洗浄	個別排水処理施設
面源系	農地系	農地からの排水	水田	灌漑水路
			畑	地下水
	畜産系	畜産の排泄物	野積み、素掘り、埋却箇所	畜舎周辺
	市街地系	市街地からの排水	屋根、道路、汚水管の誤接	雨水吐き、分流雨水管
	自然系	山林、裸地	雨天時に流出	河川

図1.2 東京湾への流入負荷の主要汚染源の内訳 <文献 1-2>

> 用語解説

① BOD（Biochemical Oxygen Demand）：生物化学的酸素要求量。排水中に含まれている微生物によって、分解可能な有機物の量で汚濁を表す指標。

② SS（Suspended Solid）：水中に懸濁している有機性、無機性の物質で、スクリーン等で除去される大形のものは含まれない。汚れを表す指標。

③ COD（Chemical Oxygen Demand）：化学的酸素要求量。排水中の被酸化性物質を酸化剤によって酸化させるのに必要な酸素量。有機性物質による汚濁の指標。基準値は通常、過マンガン酸カリウム法による分析値が用いられる。

1.3 排水の性状

排水の性状は一様でなく、その種類によって様々である。

下水 し尿および生活雑排水が主体であるが、これに産業排水が含まれる。地域によって産業排水の含まれる度合いが異なり、それにより下水の性状が変わってくる。産業排水を無制限に受け入れることはなく、ある一定の水質の制限を設け、それ以上の排水性状の場合は、除害設備を設け、下水受け入れ基準以下まで処理するよう下水道法で規定されている。従来、大都市等では雨水を一緒に処理する合流式が多かったが、晴天時と雨天時では水質と水量が大きく異なり、処理の仕方も違ってくる。最近は経済性、処理の安定性、運転管理面等が考慮されて汚水と雨水を分けて処理する分流式が主流を占めている。水質は一般的に BOD 200 mg/L、SS 180 mg/L、窒素 40 mg/L、リン 4 mg/L 程度であるが（**表 1.3.1**）、水量が多いため汚濁源として水環境への影響が大きい。

農業集落排水 農村部における生活排水の処理を目的としているので、一般家庭のし尿（水洗便所）、生活雑排水による汚濁物質が含まれた排水である。下水に近い水質を示す（**表 1.3.2**）。

浄化槽排水 し尿（水洗便所）のみを処理する単独浄化槽と、し尿（水洗便所）・生活雑排水を一緒に処理する合併浄化槽がある。単独は合併に比べ排水の濃度は高い。

収集し尿および浄化槽汚泥 下水道の未整備地域や農業集落排水処理および浄化槽が設置されていない地域は、し尿をバキューム車で収集し、し尿処理施設で処理する。また、浄化槽から発生する余剰汚泥も収集し、一緒に処理する。水質としては、下水等と異なり濃度が非常に高い（**表 9.4**）。そのため処理方式は下水等とかなり違ったものになる。

埋立浸出水 最終処分場の埋め立て物の種類によって異なる。汚泥等有機物主体の場合は BOD や NH_4-N 等が高い。無機物主体の場合は**表 10.3** に示す水質以外に Ca や Cl イオン濃度が非常に高く機器の閉塞や腐食が問題となる。他に重金属等も含まれ、排水の性状に応じた処理が必要となる。

産業排水 産業排水は産業の種類によって大きく異なる（**表 2.7**）。含まれる物質、濃度、量は各産業の工場ごとに調査、分析し正確に把握しなければならない。それによって適切な処理方式を選定する。

第1章　水質汚濁

表1.3.1　下水水質の参考値＜文献1-3＞

項　目	標　準　値
BOD	200mg/L
COD	100mg/L
SS	180mg/L
T－N	40mg/L
T－P	4mg/L

表1.3.2　農業集落排水計画流入水質（標準）＜文献1-3＞

項　目	標　準　値
BOD	200mg/L
SS	200mg/L
COD	100mg/L
T－N	43mg/L
T－P	7mg/L

用語解説

① T－N（Total Nitrogen）：全窒素。無機性窒素（アンモニア性窒素、亜硝酸性及び硝酸性窒素）および有機性窒素（タンパク質をはじめ種々の有機化合物の窒素）の総量を表したもの。

② T－P（Total Phosphorus）：全リン。水中のリン化合物の総量をそのリンの量で表したもの。

1.4 水質汚濁の状況

　水質汚濁によって各水域の環境は様々な影響を受けてきたが、1.1に述べたような各種の対策によって、公共用水域においては改善が図られている。
　図1.4に公共用水域の環境基準達成率の推移を示す。

河川　古代から、人々は河川を中心に生活をしてきた。飲み水を確保し、排水は浄化され、農業・産業のために水を使うなど必要欠くことのできないものである。国では環境基準を決めており、河川の汚れを表すのにはBODが用いられる。BODが5 mg/Lを超えると飲料水としては不適であり、魚などの住む環境とはなりにくい。10 mg/Lを超えると、もはや河川とはいえない状況でどぶ川と化してしまう。上水源として重要な役目を果たしているため、この汚濁が即、人々の生活に影響を及ぼす。最近、河川の水質は大きく改善が進んでおり、環境基準の達成率は90 %を超えている。

湖沼　閉鎖水域である湖沼は、水の入れ替わりによる浄化能力が乏しくいったん汚染されると回復に時間を要する。環境基準として指標はCODが使われるが、5 mg/L以上であると生態系に影響を及ぼす。湖沼は上水源として、更に漁業や公園としての生活の場としての役割が大きい。そのため、生態系を守る環境をいかに作るかが重要になる。湖沼の環境基準達成率は60 %に達しておらず、長らく横ばいの状況が続いており、湖沼での富栄養化やCODが低減しないという課題がある。

海域　海域の環境基準達成率は80 %程度となっている。環境基準として指標はCODが使われるが、3 mg/L以下が良好な状態を保つ目安である。東京湾、伊勢湾、瀬戸内海、有明海島の閉鎖性水域では、窒素、リンの富栄養化のため、赤潮の発生が解消されていない。

地下水　地下水汚染では、電気・機械・化学メーカーの工場敷地や跡地から有機塩素化合物質などの有害物質を含む場合、および施肥・家畜排せつ物・生活排水等が原因とみられる硝酸性窒素および亜硝酸性窒素を含む場合が問題となっている。特に飲料水として利用する地域では、その影響はきわめて大きい。

第1章 水質汚濁

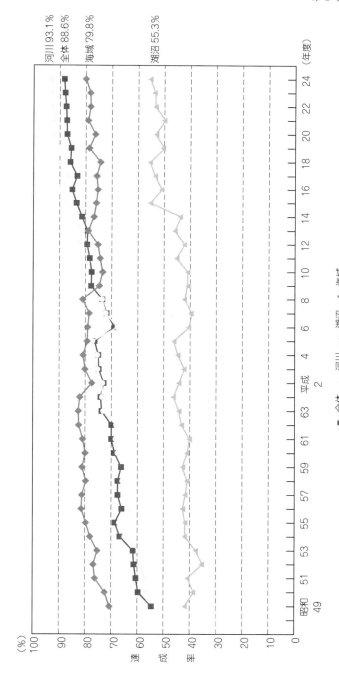

資料：環境省「平成24年度公共用水域水質測定結果」

図1.4 環境基準達成率の推移（BOD又はCOD）＜文献1-4＞

1.5　水の流れと水質汚濁

　水は、降雨が地中にしみこみ、山林を源として小川となる。川は山間部から平野部に至り、やがて大河となって都市部を経て海へ注ぐ。また別に、湖沼から流れ出るものもある。これは誰もが知っている水の流れである。そこに人々が住み、日々の営みが行われることにより、大きくその姿を変えていく。図1.5にその模式図を示す。

　山間部で涌き出た水は非常に清澄であり、まことに美味しい水である。通常はこのまま小川となる。しかし、廃棄物の不法投棄が行われたり、不備な最終処分場が建設され、これから染み出した汚水が、水を汚染する場合がある。

　その後、山間部を巡り、やがて川となって村や町を通ると水質汚濁の可能性が増してくる。その主なものは、生活排水である。この対策として単独浄化槽、合併浄化槽、特定環境保全下水道（国土交通省）、し尿処理施設（環境省）や農業集落排水処理施設（農水省）等の整備が推進されている。

　やがて、中小都市を経て大都市へと流れていく。生活に必要な飲料水のため、多くはこの川から取水し、浄水場で処理し、住民に供給される。工業用水もこれから確保される。これらの水は、やがて排水として川に戻される。このあたりから川の様相が一変する。人口の集中と工場群による汚濁負荷（量、質）の増大である。川の自浄能力はほとんど期待できない状況である。工場は自己責任において排水を処理し、下水道または公共水域へ流す。生活排水は、主に公共（都市）下水道、流域下水道で処理する。これらの整備地域以外は、し尿処理場、合併浄化槽などで処理を行っている。しかし、上水源として考えた場合、また水環境を守るためには、なお一層の整備と高度な処理が望まれる。

　下流域になると、大都市と工業地帯が広がり汚濁負荷は、よりいっそう膨大となる。現在、産業排水は、この地域では、大企業の多い関係もあり、処理の度合いが高い。生活排水については、公共下水道の普及率が大都市でほぼ100％に達しており、通常の整備は完了したといってよい。しかし、海（湾内）の富栄養化の問題を考えた場合、なおいっそうの処理が望まれる。

第1章　水質汚濁

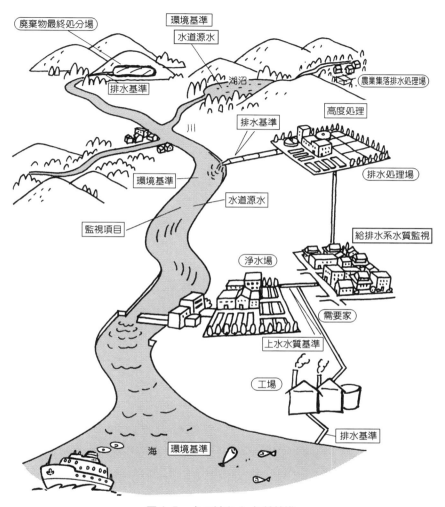

図1.5　水の流れと水質基準

11

1.6 水環境保全に係わる法体系

図1.6に水環境保全に関する法体系を示す。

公害が大きな社会問題になったことにより1967（昭42）年公害基本法が制定され、続いて1970（昭45）年いわゆる公害国会において水質汚濁防止法が成立して、水質汚濁に関して抜本的な対策がとられるようになった。1993（平5）年には、社会情勢の変化により規制中心の公害基本法の見直しを行い、総合的な環境政策の展開を図るために環境基本法が制定された。環境基本法では、水環境の保全に関しては下記のように「人の健康の保護」に関する項目と、「生活環境の保護」に関する項目に分けて環境基準が制定されている。

◎人の健康の保護に関する環境基準の項目

全シアン、アルキル水銀、鉛、カドミウム、6価クロム、ヒ素、総水銀、PCB、トリクロロエチレン、テトラクロロエチレン、四塩化炭素等27物質

◎生活環境の保全に関する環境基準の項目

pH、BOD、COD、SS、DO、大腸菌群数等

これらの項目に関して河川、湖沼、港湾、沿岸水域その他公共の用に供される水域ごとに、河川は6類型、湖沼は4類型、海域は3類型に分け規定している。

水質汚濁防止法は工場及び事業場などから公共用水域に排出される水を規制するもので、排水の水質が項目、地域ごとに規制されている。排水基準としての項目は下記の通りである。なお、これらには都道府県の上乗せ基準がある。

◎有害物質の項目

カドミウム及びその化合物、シアン化合物、有機リン化合物、鉛及びその他の化合物、**6価クロム化合物**、ヒ素及びその他の化合物、水銀、アルキル水銀等の化合物、PCB

◎汚濁物質の項目（工場の業種ごとに規定）

pH、BOD、COD、SS及び**ノルマルヘキサン抽出物質**、フェノール類、亜鉛、溶解性鉄、銅、溶解性マンガン、クロム、窒素、リン、その他大腸菌群数

また、水質汚濁防止法では人の健康または生活環境に係る被害を生ずるおそれがある汚水または廃液を排出する施設を特定施設と定め、設置の届出を義務づけている。

このほか水環境保全に関して様々な法律の整備が行われてきたが、時代の変化、意識の変化、国際情勢の変化等に従い、常に見直しがなされている。

第1章 水質汚濁

```
―― 環境基本法
    1993（平5）年11月12日成立  11月19日公布
―― 環境基準（水質関係）の規定
        ◎人の健康の保護に関する環境基準
        ◎生活環境の保全に関する環境基準
―― 水質汚濁
    ―― 水質汚濁防止法
            ◎排水基準 ――――┬― 有害物質の規制
            （都道府県の上乗せあり）└― 排出水の汚濁状態の規制
                                （業種ごとの工場につき定められる）
            ◎特定施設の指定

    ・湖沼水質保全特別措置法，瀬戸内海環境保全特別措置法
    ・下水道法
    ・海洋汚染防止法，港則法（油の排出規制など），河川法
    ・毒物及び劇物取締法，農薬取締法
    ・電気事業法，鉱山保安法
―― 土壌汚染
    ・用地の土壌汚染防止等に関する法律
```

図1.6　水環境保全に係わる法体系

用語解説

① pH：水素イオン（H）濃度の逆数を対数で表したもので、酸性・アルカリ性を知る指標。pH 7 が中性で 7 より小さいほど酸性が強く、7 より大きいほどアルカリ性が強い。
② **大腸菌群数**：大腸菌は人の健康に有害ではないが、公衆衛生上病原菌が存在する可能性ををを示す指標。
③ **6価クロム化合物**：細胞膜透過性が高く、生物に対する毒性が強い。メッキ工場等の金属製品製造業、化学工業、試験研究機関等の排水に含まれることがある。
④ **ノルマルヘキサン抽出物質**：水中の比較的揮発しにくい炭化水素、炭化水素誘導体、グリース油状物質等をヘキサンで抽出したもの。

13

1.7 行政と水質汚濁の防止対策

生活排水対策 　主に下水道法に基づき、国土交通省における下水道の整備が中心であるが、下水道の整備には多額の費用が必要となるため、地域の実情に応じた対応が有効である。このため他省庁においても様々の施策がとられている。それらの関係を**表1.7**に示す。

平成25年度末における生活排水の処理は、人口に対して89％の普及率に達している。国土交通省関連の下水道は、1963（昭38）年第1次5か年計画がスタートし、本格的な整備に取りかかり、第8次まで実施された後、社会資本整備重点計画として進められている。この間、下水道普及率は、10％程度から77％（2013年末時点）となった。人口100万人以上の大都市は、ほぼ100％、5〜100万人の中小都市は、おおむね60％程度の普及率となっているが、5万人以下の市町村は50％位と低い。これは、下水道は都市部を中心に整備が進められていることを表している。

環境省関連では、し尿処理施設を所管しているが、下水道の普及にともない、その処理人口は年々減少しており、平成25年度末では約1000万人程度となっている。

農水省関連は1991（平3）年から農業集落排水事業を中心に本格的にスタートした。これは農業基盤整備事業の一環として推進されたもので、生活向上と自然保護を目的とし、国土交通省関連の下水道の農村部における整備遅れを補う意義が大きい。平成25年度末で、約300万人の処理人口となっている。

産業排水その他 　水質汚濁防止法をてこに行政指導もあいまって、精力的に整備が図られた。企業の高いモラルと、国民の目が普及を促進した。新しい化学物質の登場による問題の把握と監視が必要である。もちろん、適切な処理が施されなければならない。

第1章　水質汚濁

表1.7　各省庁と生活排水処理施策

国土交通省	下水道法で類型化されている下水道	下水道法の公共下水道	流域下水道		
			公共下水道（都市）		
			公共下水道（狭義）		
			特定公共下水道		
			小規模下水道	特定環境保全公共下水道	農山漁村下水道自然保護下水道
農水省	下水道法で類型化されていない下水道	その他の下水道		農山漁村集落排水処理施設	農業集落排水施設漁業集落排水施設林業集落排水施設
環境省				地域し尿処理施設〔コミュニティプラント〕	
	し尿および浄化槽汚泥を処理	し尿処理施設（汚泥再生処理センター）			
建築基準法	個別対応の処理施設	し尿浄化槽（単独，合併）・新規は合併			

15

1.8 水質汚濁防止技術の発展

第1世代　1955～1970年：この時代は、わが国における水処理技術の発展の初期段階である。下水処理では、水処理として標準活性汚泥法、ステップ流入式活性汚泥法の好気性生物処理が確立された。また、スクリーン・沈砂の前処理、最初沈殿地・エアレーションタンク・最終沈殿地の二次処理および塩素による消毒設備の組み合わせが標準的なものとして多く採用された。これらは以降も下水処理の主流を占めた。汚泥処理としては嫌気性消化法が主流で、前段に重力濃縮槽、後段に洗浄槽を設け、真空脱水機が多く採用された。し尿処理は嫌気性消化処理と好気性の活性汚泥処理の組合せが標準化された。上水では凝集沈殿処理と緩速ろ過の組合せが標準のシステムである。

第2世代　1971～1985年：公害問題の発生により水質汚濁に関する対策が強化されたこの時代は、防止技術の発展が促された。まず、産業排水における重金属類を含めた除去技術の開発である。より精密な凝集沈殿処理技術（例えばpH制御技術）の開発、廃水処理に適したろ過技術（加圧ろ過、上向流ろ過、サイホン式ろ過、移床式ろ過等）の発展、活性炭吸着、イオン交換、オゾン酸化などの物理化学処理が開発された。下水処理関係では、深層ばっき槽・沈殿槽、ばっき装置、回転円板装置、オキシデーション法そして汚泥処理としての熱処理法、高分子凝集剤による直接脱水の遠心脱水機・ベルトフィルター、ストーカー炉・流動炉などの焼却設備の充実がある。し尿処理では、低希釈二段活性汚泥法による窒素除去技術の開発が大きな変換点となった。

第3世代　1986～2010年：高度処理導入の時代である。下水分野では下水道普及率が50％を超え、強化された水質基準の達成のため、また水環境の向上を図るためBOD、SSの低減、難分解性COD、微量有害物質の除去、無機栄養塩類の除去のために生物学的脱窒素・脱リン法の開発、オゾン処理、促進酸化法、膜処理、紫外線消毒等の物理化学処理の開発が精力的に進められた。し尿処理分野では、時代の先端を行く膜分離・高負荷脱窒素処理が開発された。このほか、高濃度の有機性廃水及び廃棄物の処理に新たな嫌気性消化法の開発が進んだ。また、温暖化ガス排出抑制技術の開発・導入が進められた。

第1章 水質汚濁

次世代　水資源の確保、水環境の保全や省エネルギー・創エネルギーをはじめとする循環型社会の構築のための技術開発・導入が進められつつあり、国土交通省ではB-DASHプロジェクトとして実規模レベルの実証を実施し、資源としてのリンの回収や汚泥のエネルギーとしての利用等も進められている。(図1.8)

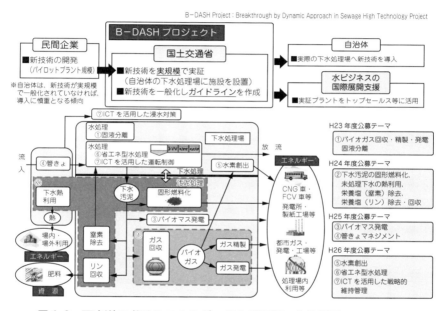

図1.8　下水道におけるエネルギーおよび資源の有効利用＜文献1-5＞

1.9　水環境に係わる課題

多様化する汚濁物質

水環境は1950年代中頃から急速に悪化してきたが、1970年代から80年代にかけての産業排水処理の徹底と下水道の普及により大きく改善され、悪臭を放つ河川などは全国的にほとんど見られなくなった。しかし、実態としては「昔の清き川や湖の復活はまだ遠し」の感がある。

現在の河川は自然の清流が流れているのではない。特に都市部では、排水を処理した水が流れているといってもよい。湖沼においても湾内においても、常に排水が、またはその処理されたものが流れ込んでおり、いつも汚染されているといってもよい状況である。水環境は、いまひとつ膠着状態にあり、このまま推移すると昔の清流は取り戻せないどころか、場所によっては悪化の傾向さえある。

汚染物質は従来のBOD、COD、SSだけではなく、今や他の有害物質も大きな問題となっている。特に、飲料水の取水源としての河川においては、トリハロメタン前駆物質、アンモニア性窒素、病原性大腸菌、クリプトスポリジウム、その他微量有害物質が問題としてあげられる。また湖沼や湾内において窒素やリンの富栄養化によるアオコ、赤潮の発生は生態系に深刻な影響を及ぼしている。その他、重金属類、PCB、塩類、有機溶剤、農薬類、いわゆる難分解性微量汚染物質などがあり、汚染物質は多様化している。また、発生源も下水、し尿、産業排水のほか、畜産排水や各種廃棄物処理場、工場などの跡地、農用地、ノンポイントからの排水などいたるところに存在する。このように従来の汚水処理では解決できない新たな問題が依然として存在している。

すなわち、21世紀においては、水環境を守り、地球に住むすべての生物が豊かに暮らすために、これらの課題に取り組むことが、後世に対する我々の義務である。

回収・省エネルギー

排水はこれまで大きなエネルギーをかけて処理してきたが、地球温暖化問題や東日本大震災に起因するエネルギー問題の顕在化等により、省エネルギーや創エネルギーが求められるようになった。そのため排水処理にかかるエネルギーのさらなる削減、および排水処理に伴い発生する汚泥による創エネルギーを推進する必要がある。また、水資源の重要性も再認識され、健全な水循環を構築すべく平成26年に

は水循環基本法が成立した。前述の問題を解決するような適切な処理システムの構築が必要とされ、さらには、リンをはじめとする排水中の資源回収も重要となる。

水循環基本法の概要

目的（第1条）
水循環に関する施策を総合的かつ一体的に推進し、もって健全な水循環を維持し、又は回復させ、我が国の経済社会の健全な発展及び国民生活の安定向上に寄与すること

定義（第2条）
1. 水循環
→水が、蒸発、降下、流下又は浸透により、海域等に至る過程で、地表水、地下水として河川の流域を中心に循環すること
2. 健全な水循環
→人の活動と環境保全に果たす水の機能が適切に保たれた状態での水循環

基本理念（第3条）
1. 水循環の重要性
水については、水循環の過程において、地球上の生命を育み、国民生活及び産業活動に重要な役割を果たしていることに鑑み、健全な水循環の維持又は回復のための取組が積極的に推進されなければならないこと
2. 水の公共性
水が国民共有の貴重な財産であり、公共性の高いものであることに鑑み、水については、その適正な利用が行われるとともに、全ての国民がその恵沢を将来にわたって享受できることが確保されなければならないこと
3. 健全な水循環への配慮
水の利用に当たっては、水循環に及ぼす影響が回避され又は最小となり、健全な水循環が維持されるよう配慮されなければならないこと
4. 流域の総合的管理
水は、水循環の過程において生じた事象がその後の過程においても影響を及ぼすものであることに鑑み、流域に係る水循環について、流域として総合的かつ一体的に管理されなければならないこと
5. 水循環に関する国際的協調
健全な水循環の維持又は回復が人類共通の課題であることに鑑み、水循環に関する取組の推進は、国際的協調の下に行われなければならないこと

○国・地方公共団体等の責務（第4条〜第7条） ○関係者相互の連携及び協力（第8条）
○施策の基本方針（第9条） ○水の日（8月1日）（第10条）
○法制上の措置等（第11条） ○年次報告（第12条）

水循環基本計画（第13条）

基本的施策（第14条〜第21条）
1. 貯留・涵養機能の維持及び向上
2. 水の適正かつ有効な利用の促進等
3. 流域連携の推進等
4. 健全な水循環に関する教育の推進等
5. 民間団体等の自発的な活動を促進するための措置
6. 水循環施策の策定に必要な調査の実施
7. 科学技術の振興
8. 国際的な連携の確保及び国際協力の推進

水循環政策本部（第22条〜第30条）
○水循環に関する施策を集中的かつ総合的に推進するため、内閣に水循環政策本部を設置
・水循環基本計画案の策定
・関係行政機関が実施する施策の総合調整
・水循環に関する施策で重要なものの企画及び立案並びに総合調整

| 組織 | 本部長：内閣総理大臣
副本部長：内閣官房長官
　　　　　水循環政策担当大臣
本部員：全ての国務大臣 |

図1.9 水循環基本法の概要 ＜文献 1-6＞

第2章

水処理設備の概要
～命の水を守る施設～

2.1 上水道施設（厚生労働省）
2.2 下水道施設（国土交通省）
2.3 し尿処理施設（環境省）
2.4 最終処分場浸出水処理施設（環境省）
2.5 農業集落排水事業（農林水産省）
2.6 清掃工場汚水処理設備（環境省）
2.7 産業排水処理設備（民間）
2.8 浄化槽設備（国土交通省、環境省）
2.9 脱臭設備

2.1　上水道施設（厚生労働省）

　河川水、湖沼水あるいは伏流水または井戸水を原水として、飲料に適した水を作り、人々に供給するのが上水道施設である。厚生労働省により水道施設基準が定められており、基本的にはこれに従って計画、設計、施工、管理を行う。水道施設の一般的なフローは図 2.1.1、図 2.1.2 の通りである。

水　源　　水源の選定は水道施設計画上の根本要素である。清浄で将来汚濁の恐れが少なく、十分な水量が確保できるものを選定しなければならない。

貯水施設　　年間を通じて計画取水量を確保するために設ける。水道専用貯水池、多目的貯水池および河口ぜきに区分される。水量、水質が十分確保できる地下水や河川を利用できる場合は設置しない場合がある。

取水施設　　水道用原水を取り入れる施設である。原水としては、地表水（河川水、湖沼水、貯水池水）と地下水に分けられるが、一般には地表水が多く、この場合、取水ぜき、取水門、取水塔、取水わくおよび取水管渠等が用いられる。

浄水施設　　水道施設の心臓部に当たる施設である。通常、着水井、凝集沈殿池、ろ過池、塩素注入井、浄水池からなる。凝集沈殿池の凝集剤は一般にアルミニウム塩が使われ、普通沈殿池と高速凝集沈殿池とがある。ろ過池は従来は緩速ろ過であったが、近年は急速ろ過が採用される例が多い。町村における小規模の簡易水道では直接凝集ろ過を行う方法が、システムのシンプルさ、敷地やコストの問題から普及している。主な処理水質としては、pH $5.8 \sim 8.6$、濁度 2 度以下、臭気や味に異常がないこと、硝酸態窒素および亜硝酸態窒素が $10\ mg/L$ 以下などがある。また、水道水源の複合汚染によりトリハロメタンの生成やカビ臭等の異臭味の問題があり、これにはオゾン処理、活性炭処理、生物処理等の高度処理を導入して対応している。

　さらに近年では**クリプトスポリジウム**等の耐塩素系病原微生物への対応として膜ろ過や紫外線による処理が導入されている。

配水施設　　上水を各給水場所へ過不足なく供給するために、配水池、配水塔および高架タンク等を設ける。

第 2 章 水処理設備の概要

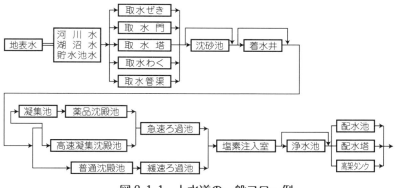

図 2.1.1　上水道の一般フロー例

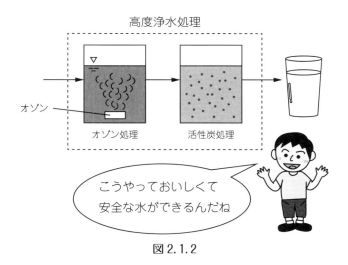

図 2.1.2

用語解説

① **クリプトスポリジウム**：ウシ・ブタ等の腸管寄生原虫として知られていたが、ヒトでも感染し水様下痢症の原因となる。1996 年に埼玉県で町営水道水を汚染源とする集団感染が発生した。オーシストという堅い殻で覆われた状態では通常の塩素殺菌の効果が低いという特徴がある。

2.2　下水道施設（国土交通省）

　生活排水、産業排水を集めて処理し、公共水域へ排出するのが下水道施設であり、雨水を排除（一部処理を含む）することも下水道施設に含まれる。上水道が動脈とすれば、下水道は静脈である。**図 2.2** に下水道の仕組みを示す。

下水管渠　各家庭やビルなどの集合施設から生活排水を、また工場などから排水を集め下水処理場へ送る管である。雨水を同じ管で流す場合（合流式）と、別に雨水管を設置する場合（分流式）がある。近年は後者がほとんどである。それらの管はほとんど人目に触れないが、地中に網の目のように布設されている。小さなものは直径 80 mm から、大きなものは人が立って歩けるくらいのものまである。

中継ポンプ場　下水は通常自然流下で流し、地形の低い所に処理場を設置する。しかし、わが国は地形が複雑で、自然流下で流せない個所が生じる。そのため、いったんポンプで持ち上げた後、自然流下で流すための施設が中継ポンプ場である。山間部など地形がより複雑な場所では直接処理場までポンプ送水または真空送水する例もある。

排水ポンプ場　雨水管渠で集められた雨水を河川または海域等に排水する施設である。スクリーン、沈砂設備、ポンプ設備、発電設備等を備えている。市街地の浸水対策には重要な施設である。

処理場　集められた下水（一部雨水を含む場合がある）を、公共水域の排水基準にあうように処理する施設である。大きく分けて、水処理施設とその結果発生する汚泥を処理する汚泥処理施設がある。水処理施設は、一般的に沈砂・ポンプ設備、二次処理設備と消毒設備で構成されている。二次処理設備は、汚濁物質の BOD を処理するために生物処理が主体である。通常、最初沈殿池、エアレーションタンク、最終沈殿池で成り立っている。消毒は一般に塩素系薬剤を用いる。近年、排水基準の規制強化等により高度処理を設置する例が多くなり、BOD、SS の低減、窒素やリンの除去を目的として、生物学的脱窒素・脱リン設備、および砂ろ過設備が導入されている。汚泥処理施設は汚泥濃縮、脱水、焼却設備が一般的である。汚泥消化（メタン発酵）設備も含め下水汚泥バイオマスであることから再生可能エネルギーとしての利用が期待されている。投資効率、維持管理面から、水処理施設は分散、汚泥処理施設は集約化の傾向にある。

第2章 水処理設備の概要

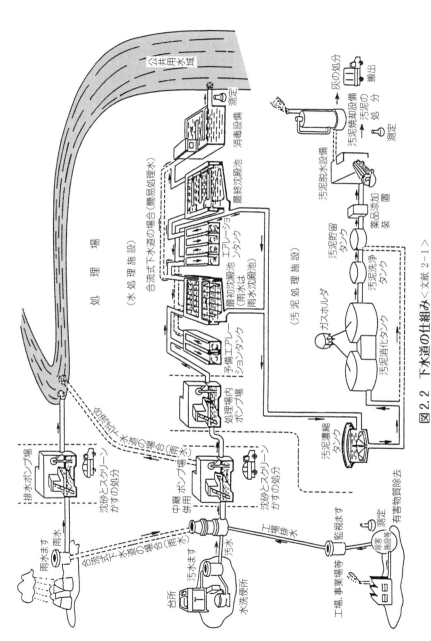

図2.2 下水道の仕組み＜文献2-1＞

25

2.3 し尿処理施設（環境省）

　一般廃棄物であるし尿と浄化槽汚泥を処理する施設である。これらの有機性廃棄物は、本来下水道の整備によって処理されるべきであるが、財政上の問題からその整備はなかなか進まない。特に、人口が5万人以下の市町村ではその傾向が強い。環境保全の面から、そのまま放置できないので、考えられたのが汚濁負荷の大きいし尿だけを処理するし尿処理施設である。さらに、水洗化の要望を満たす意味で浄化槽の設置が行われた。トイレ排水だけを処理する単独浄化槽、生活排水すべてを処理する合併浄化槽がある。処理水は公共水域へ流されるが、発生する汚泥は浄化槽汚泥としてし尿処理施設で処理される。

収集形態　し尿および浄化槽汚泥はバキューム車で各家庭や事業所等からくみ取られ、し尿処理施設に運ばれ、計量された後、受け入れ処理される。収集は自治体が直接行う場合と民間委託の二通りがある。

し尿処理施設　事業は、市や町等の単独か、財政および体制の問題から、それらが集まった広域の組合を作って運営する方法がある。平成25年末現在、し尿処理人口は約1 120万人で全人口の約1割を占めているが、下水道の整備が進むに従い、減少している。し尿処理施設は従来のBOD, SSだけの処理から窒素、リンの除去およびCOD、色度を含めた高度処理が望まれ、また濃度の高い原液であっても希釈しないで処理できる技術が確立しており、その中でも処理水質の高度化に伴い、膜分離・高負荷脱窒素法が主流を占めつつある。さらに、浄化槽汚泥の比率が高くなると水質変動が大きく、また濃度のばらつきがあることから、それに対応できる方式が開発されている。「膜分離・高負荷脱窒素法」が生物膜と凝集膜の二段膜であるのに対して、浄化槽汚泥対応型は前処理と一段膜とした方式になっている。また下水道整備地域においては下水道基準に適合する水質まで簡略化した処理を行い放流する下水道放流型施設が設置されるケースが増加している。平成9年、厚生省（現、環境省）は今後の資源循環型社会の構築のため、「汚泥再生処理センター」と呼ばれる処理システムを国庫補助の対象にして、その普及に努めた。これは、生ごみなどの有機性廃棄物をし尿処理施設から発生する汚泥と一緒に嫌気性発酵し、メタンガスを回収して、発電や熱利用し、発生する汚泥はコンポスト化して、農業などに利用しようとするものである（**図2.3**）。最近では、し尿処理量の減少を踏まえて広域化が検討されたり、基幹的設備の更新等に適正かつ

第 2 章　水処理設備の概要

的確に実施することで、施設をできるだけ長く維持活用する長寿命化が求められている。

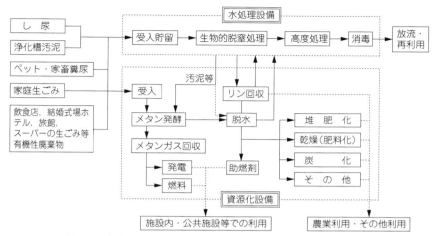

図 2.3　汚泥再生処理センターの構成システム＜文献 2-2＞

2.4 最終処分場浸出水処理施設（環境省）

一般廃棄物や産業廃棄物は最終的には最終処分場に埋め立て処分される（**図 2.4**）。処分場の構造は、埋め立て物の種類によって大きく三つに分けられ、技術上の基準は、廃棄物最終処分場性能指針に定められている。

安定型　産業廃棄物の廃プラスチック類、ゴムくず、金属くず、ガラスくず、陶磁器くず、および建設廃材の 5 品目を埋め立てるもので、環境保全上支障がないものとされている。基本的には浸出水の集水は行わない。

管理型　一般廃棄物を埋め立て処分する場合は、最終処分場は必ず管理型でなければならない。産業廃棄物のうち廃油、紙くず、木くず、繊維くず、動植物性残さ、動物のふん尿、動物死体および無害な燃えがら、ばいじん、汚泥、鉱さい等を埋め立てるものが対象となる。特に遮水工を施し、浸出水はそのまま外部へ流出させず、水処理設備で処理する。

遮断型　特別管理産業廃棄物（カドミウム、水銀等を含む特定有害廃棄物、医療系感染物、LPG ボンベ等）を埋め立てる場合に必要である。外周を 15 cm 以上のコンクリートで囲い、腐食防止を施し廃棄物が外部に漏れないようにする。

浸出水処理設備　管理型最終処分場から排出される浸出水は、そのまま公共水域に排出することはできない。浸出水の一般的な水質は、可燃ごみ主体の場合は、BOD 1 200 mg/L、SS 300 mg/L、COD 480 mg/L、T－N 480 mg/L 程度で、不燃ごみまたは焼却残さの場合、BOD 250 mg/L、SS 300 mg/L、COD 100 mg/L、T－N 100 mg/L 程度である。放流水は排水基準以下あるいは住民同意に基づく水質以下にする必要がある。一般的には BOD 20 mg/L 以下、SS 20 mg/L 以下、COD 20 mg/L 以下、T－N 10 mg/L 以下が多い。一般的な処理フローは、原水槽、調整槽、生物処理としての回転円板装置または接触酸化槽、凝集沈殿装置、ろ過装置、活性炭吸着装置の組み合わせが多い。最近はカルシウム除去のための前凝集沈殿装置、重金属除去を目的としてキレート吸着装置をつける場合もある。近年は、灰の埋め立て割合が多くなるにつれて塩類濃度が高くなる傾向がある。農作物等の被害等を考慮して電気透析法、逆浸透膜法などの塩類除去装置の導入が検討されることもあるが、除去した塩類の処分については留意する必要がある。

第 2 章　水処理設備の概要

　なお、処分場の遮水シートからの漏水をいち早く察知するためのモニタリング装置の開発が積極的に進められ、実用化されている。

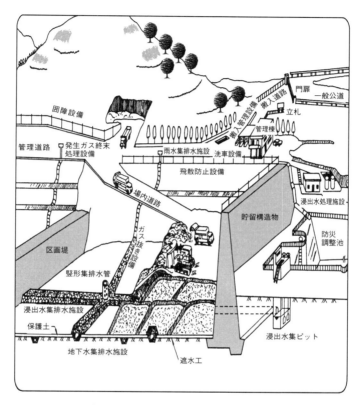

図 2.4　一般廃棄物処分場の施設構成の概念 <文献 2-3>

2.5 農業集落排水事業（農林水産省）

概要 　農業集落排水事業は、農村地域における資源循環の促進を図りつつ、農業用用排水の水質保全及び農業用用排水施設の機能維持又は農村生活環境の改善を図ることを目的として、し尿、生活雑排水等の汚水や汚泥、雨水を処理する施設若しくはそれらの循環利用を目的とした施設の整備改修を行うものである。

処理対象人口は約1,000人以下であり、事業主体は市町村および土地改良区等である。汚水排除方式は、分流式で産業排水等は含まないものとし、雨水は別に処理する。処理水質は原則として BOD 20 mg/L、SS 50 mg/L 以下とし、県条例等で上乗せ排水基準がある場合には、それに従うことになっている。農業集落排水施設は、小規模下水道の一つとして位置づけられている。また、水質汚濁防止法に基づく特定施設であり、合併浄化槽の一種である。農業集落排水の供用地区数は、5,000地区、整備人口は356万人に達している（平成20年）。国では下水道（国土交通省）、浄化槽（環境省）等各種汚水処理施設整備を連携して行うことにより、効果的かつ効率的な汚水処理施設の整備を図っていくこととしている。

処理施設 　事業の中核をなす排水処理の技術は、（一社）地域環境資源センター（以下 JARUS）が当初から調査研究を行い、自治体の要望にあった多種多様の処理方式を開発した。JARUS 型処理方式は当初、接触酸化方式をベースに嫌気性ろ床を組み合わせたものであった。その後、水質に関する規制強化を背景に浮遊生物法並びに脱窒素処理が組み込まれるようになった。さらに閉鎖水域等のリン規制に対応する目的で脱リンを考慮した方式が開発されている。また、膜分離活性汚泥法が取り入れられた、より高度に処理する方式も開発されている。また、発生汚泥および施設の臭気抑制、汚泥の農地還元の推進、周辺環境の改善を目的とした「汚泥改質機構」のシステムもある。主な JARUS 型処理施設の一覧を**表 2.5** に示す。

今後の課題 　財政逼迫の折り、今後の農業集落排水事業のより効率的な運営が望まれる。また、水環境の保全をより進めるための、さらに高度な技術開発と導入が必要となる。循環型社会の構築のためには、処理水の再利用や汚泥のコンポスト化、メタン発酵によるエネルギー回収も視野に入れた有効利用も検討しなければならない。

第2章 水処理設備の概要

表2.5 主なJARUS型処理施設の一覧＜文献2-4＞

区分		JARUS型等名称	処理方式	計画処理水質（mg/L 以下）					処理対象人口（人）
				BOD	SS	COD	T-N	T-P	
生物膜法	接触ばっ気方式	JARUS-Ⅰ96型	沈殿分離および接触ばっ気を組み合わせた方式（BOD型）	20	50	—	—	—	51～1 800
		JARUS-S 96型	沈殿分離および接触ばっ気を組み合わせた方式（FRP製）（BOD型）	20	50	—	—	—	51～400
		JARUS-Ⅲ96型	流量調整、嫌気性ろ床および接触ばっ気を組み合わせた方式（BOD型）	20	50	—	—	—	101～2 000
浮遊生物法	回分式活性汚泥方式	JARUS-ⅩⅠ96型	回分式活性汚泥方式（BOD型）	20	50	—	—	—	501～10 000
		JARUS-ⅩⅡ96型	回分式活性汚泥方式（脱窒型）	20	50	—	15	—	501～10 000
		JARUS-ⅩⅡH型	回分式活性汚泥方式（脱窒、脱リン、COD除去型）	10	15	15	15	1	501～10 000
	間欠ばっ気方式	JARUS-ⅩⅣ96型	連続流入間欠ばっ気方式（脱窒型）	20	50	—	15	—	101～6 000
		JARUS-ⅩⅣG型	連続流入間欠ばっ気方式（脱窒、COD除去型）	10	10	10	15	—	201～10 000
		JARUS-ⅩⅣGP型	連続流入間欠ばっ気方式（脱窒、脱リン、COD除去型）	10	10	15	15	1	201～10 000
		JARUS-ⅩⅣR型	最初沈澱池を前置きした連続流入間欠ばっ気方式（脱窒、COD除去型）	10	15	15	30	—	101～6 000
		JARUS-ⅩⅣH型	DO制御連続流入間欠ばっ気方式（脱窒、脱リン、COD除去型）	10	15	15	10	1	101～6 000
	膜分離活性汚泥方式	JARUS型膜分離活性汚泥方式	膜分離活性汚泥方式（脱窒、脱リン、COD除去型）	10 5	— 5	10 10	10 10	1 1	101～4 000
		JARUS型膜分離活性汚泥方式-06型	膜分離活性汚泥方式（脱窒、脱リン、COD除去型）	5	5	10	10	1	101～4 000
		JARUS-FM型（平膜および中空糸型）	膜分離活性汚泥方式（FRP製、平膜および中空糸型）（脱窒、脱リン、COD除去型）	5	5	10	15	0.5	51～700
	オキシデーションディッチ方式	JARUS仕様-OD96型	オキシデーションディッチ方式（BOD型）	20	50	—	—	—	1 001～10 000
		JARUS仕様-ODH型	オキシデーションディッチ方式（脱窒、脱リン型）	20	50	—	15	1	1 001～10 000
その他		JARUS-汚泥改質機構		汚泥が難腐敗性の汚泥に改質され、処理施設敷地境界線で臭気強度を2.5以下					

注1. JARUS-ⅩⅣG型及びJARUS-ⅩⅣGP型は新型式での計画処理水質及び処理対象人口です。
注2. JARUS型膜分離活性汚泥方式は、認定書の値を上段で、評価書の値を下段で示しています。
　　また、JARUS型膜分離活性汚泥方式及びJARUS-FM型の計画処理水質には、n-ヘキサン抽出物質3mg/L以下、大腸菌群数100個/cm³以下もあります。
注3. JARUS-汚泥改質機構は、JARUS-Ⅰ96型、S96型、ⅩⅣR型及びFM型除くJARUS型施設に付加することができます。
注4. JARUS-ⅩⅣ96及びⅩⅣG型（旧型式）については、塩素剤を用いない汚水処理方法として、紫外線消毒装置を適用した処理方式も開発しています。

2.6 清掃工場汚水処理設備（環境省）

概要　焼却施設からは、様々な排水が発生する。ごみを貯留したピットからしみ出してくるごみピット排水、ごみ収集車や灰搬出車を洗ったときの洗車排水、ごみ投入ステージや室内の床洗浄排水、ボイラーのブロー排水や純水装置の再生排水、ごみを燃やしたときに出てくる高温焼却灰を冷却する灰出し排水、場内の便所や風呂等からの生活排水、ごみ焼却時に発生する排ガス中の有害物質除去装置からの排出水である湿式排ガス洗浄排水等である（表2.6）。

処理技術　ごみピット排水は、発生量は少ないが非常に臭気が強く、高濃度の有機物を含む排水である。この排水を処理することは不経済なため、通常は夾雑物を除去後、焼却炉高温部に噴霧して蒸発酸化処理する。

有機系排水はSSや有機物（主としてBOD）のほか、特に灰出し排水は有害重金属を含む。これらを混合処理する場合、排水の処理法は処理水を再利用するか否かで異なってくる。場内では排ガスの減温用水として最もよく利用されるが、この場合、主として排水中のSSのみを除去すればよく、凝集沈殿＋砂ろ過処理が中心となる。

一方、放流する場合は、有害重金属を除去する必要があるため、生物処理、凝集沈殿処理、砂ろ過処理、活性炭吸着処理等が行われる。

湿式排ガス洗浄排水は有害物質、特に水銀を主体とする重金属、フッ素、ホウ素等を含む塩濃度の高い排水で、ダイオキシン類を含有している場合もある。この排水に対しては、凝集沈殿処理や砂ろ過処理のほか、水銀やホウ素除去のためのキレート樹脂により処理される。排水の塩濃度が高いため、処理水の再利用は難しく、通常公共下水道へ放流される。

今後の課題　処理水をさらにRO膜（逆浸透膜）処理を行うと、上水と同等以上の水質が得られ、プラント用水や機器冷却水として再利用することができ、**完全クローズドシステム**の達成に有効である。特に発電設備を有する焼却施設では発電効率のアップが目指されているが、このためには外部からの給水量を極力減らすことが求められ、RO膜の使用を検討する必要がある。

表2.6 焼却施設排出水質の一例

項目	ごみピット排水	灰出し排水	排ガス洗浄排水
pH	5.3	9.8	6.5
浮遊物質	1 800	269	210
BOD	33 500	520	3
鉛	―	0.3	1.3
カドミウム	―	0.2	0.3
総水銀	―	<0.005	3.4
フッ素	―	1.1	24
ホウ素	―	2.1	13
ダイオキシン類	―	0.03	2.4

単位:mg/L(pH除く、ダイオキシン類はng−TEQ/L)

用語解説

①**完全クローズドシステム**:焼却施設から発生するすべての排水は適切な処理を行い、処理水は再利用し、残渣(汚泥)は焼却処分することで排水をいっさい施設外に出さないシステムをいう。

2.7 産業排水処理設備（民間）

　産業排水は、事業の活動に伴って排出される排水である。事業場の規模、種類が千差万別であるので排水もまた多種多様である。人の健康や生活環境に影響を及ぼす恐れがある物質を含む排液を排出する施設を、水質汚濁防止法では特定施設と規定し、下水道法では特定事業場と規定している。この施設を設置しようとすれば届け出が必要であり、排水を公共水域に排除する場合は水質汚濁防止法で規制され、下水道に排除する場合は下水道法で規制される。公共水域の場合では、各排出先の排水基準以下になるように処理設備を設け、下水道に排出するときは、それらに悪影響を与えないように規定された水質にするための除害施設を設けなければならない。

食料品製造業　実に多種多様の食品類がある。例えば、畜産・水産品、野菜・果物関係、味噌・しょうゆ製造、パン・菓子製造、めん類製造、あん類製造、弁当業等である。これらの廃水はBOD、SSがきわめて高く、また油分が問題となるものが多い。中には塩類濃度が高いものもあり、配慮が必要である。主な処理法としては、生物処理と凝集分離が採用される。

酒類製造業　ビール、ウイスキー、日本酒、焼酎などの酒類を製造する場合に生じる排水である。特にBODが高いので生物処理が主体となるが、好気性処理の他に嫌気性処理でメタンガスを回収し、熱源として利用する施設もある。

木材・木製品製造業　繊維質を含むSSの濃度の高い排水で、水量が比較的多い特徴を持つ。処理法としては、凝集浮上分離が多く採用されている。

自動車関連　大企業が主体であり、関連部品工場を含めて洗浄排水や塗装排水が主になる。また、メッキ関係も多いのでCr、Znなど重金属類を含み、比較的大量の排水を排出する。処理法としては物理化学処理と生物処理の組み合わせが多く見られ、工場の種類によって処理法を選択する。

飲食・旅館業　飲食物および洗い水の排水が主体となる。油分、BOD、洗剤による界面活性剤等が問題となる。生物処理が主体となる。

今後の課題 環境負荷の低減のためには、高度処理を導入し水質汚濁物質の排出量を低下させることのほか、処理水の再利用、省エネルギー、エネルギー回収などのシステムの採用が求められている。製紙業など大量の用水を使用する工場では再利用率を上げ用水の使用量を減らす、食品・酒類製造業など高濃度有機性排水を排出する場合は嫌気性処理を組み合わせ、バイオガスを回収し燃料利用するなどの取り組みが重要となる。（**図2.7**）

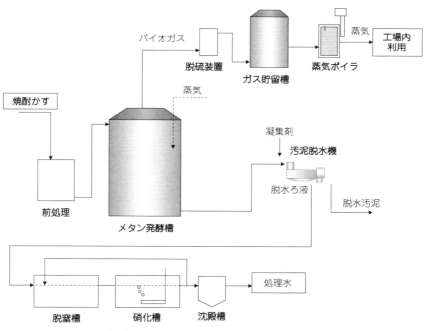

図2.7 焼酎工場における排水（焼酎かす）処理フロー例

2.8　浄化槽設備（国土交通省、環境省）

　昭和 30 年代から産業の発展、人口の集中に伴い、生活排水による公共水域の汚染が社会問題となってきた。下水道の整備は計画的に進められてきたが、予算に限りがあり、大都市の中心部が集中的に整備されていったのが現実であった。その整備地域からはずれた大都市周辺のベッドタウンや地方都市の生活排水の処理を担ったのが、浄化槽およびコミュニティプラントである（**図 2.8**）。

　浄化槽は昭和 25 年に建築基準法の中でし尿浄化槽として構造基準が定められた。当時は便所汚水のみを処理するものであった。

　一方、昭和 30 年代以降、住宅団地、ニュータウン、学園都市、観光施設等が開発された。しかし、これらはほとんど下水道の整備区域外にあって、その生活排水が問題となった。そのため、集合汚水処理施設を各地域ごとに設置するようになった。これがコミュニティプラントと呼ばれるもので、正式には厚生省が昭和 41 年に打ち出し普及を促進した。その中心的な役目を担ったのが日本住宅公団で、活性汚泥法を基にした処理技術の研究、開発に取り組んで基準化を図った。しかし、便所汚水と雑排水を合併して処理する施設の全国的な統一が図られていない状況から、公害対策上、不具合が生じていた。そのため建設省（現、国土交通省）は、昭和 44 年建築基準法施行令を改正するとともに構造基準を制定した。3 種類の区域を指定し、区域と処理対象人員に応じて処理水の BOD 濃度と除去率を決め、単独処理浄化槽（便所汚水のみ処理）と合併処理浄化槽の構造基準を定めた。

　浄化槽の急激な普及とその社会的な重要性が増したことに鑑み、昭和 55 年には第 2 次改正として大幅な構造基準の変更が行われた。単独処理浄化槽では、分離曝気方式の容量の拡大、分離接触曝気方式の追加等がなされた。合併処理浄化槽に回転板接触法、接触曝気法、プラスチック型散水ろ床法等の新しい処理法が追加された。昭和 58 年に浄化槽の製造から施工、維持管理にいたる各段階において規制を行う浄化槽法が制定された。水環境の改善の観点から水質汚濁の原因の一つである生活排水の処理が求められ、平成 12 年改正では浄化槽とはし尿と生活雑排水を合わせて処理する合併処理浄化槽と定義し、単独処理処理浄化槽の新設は禁止された。H 17 年改正では、浄化槽法の目的に「公共用水域等の水質の保全」が明示され、放流水の水質について BOD が 20

mg/L 以下であることおよび BOD 除去率が 90％以上であることとされた。また、適正な維持管理がなされることを目的とし、水質検査の監督強化がされた。

なお、現在では国土交通大臣が定めた構造方法（構造例示型）のものだけでなく認定を受けたもの（大臣認定型）が設置できる。また、窒素、リンも除去し処理水質の高度化を目的とする浄化槽の開発もされている。

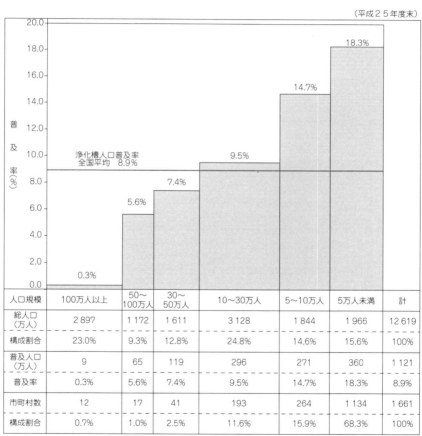

図 2.8　都市規模別浄化槽普及率＜文献 2-5＞

2.9 脱臭設備

　様々な社会生活の場において臭気が発生し、時として悪臭となって生活環境を悪化させることがある。環境意識の向上と共に苦情の程度、種類も多様化し、厳しい対策が望まれるようになった。それにつれ、1971（昭46）年に悪臭防止法が公布されてからも時代と共に規制内容も厳しく整備されてきた。悪臭物質は当初5物質（アンモニア、メチルメルカプタン、硫化水素、硫化メチル、トリメチルアミン）であったが、1976（昭51）年、1989（平元）年を経て12物質の規制となり、1994（平6）年に、さらに10物質が追加された。規制基準値は6段階臭気強度表示法に基づく相当濃度が採用され、一般住宅地では敷地境界で臭気強度2.5以下としている（**表2.9.1**）。臭気は複数の物質の複合臭であることがほとんどである。そのため、臭気を嗅覚により全体として捕らえ、官能試験（嗅覚測定法）を採用し、臭気濃度で表す方法がある。試験法としては三点比較式臭袋法がよく用いられる。1995（平7）年、国は改正悪臭防止法において臭気指数による規制を導入できるようにした。これは特定悪臭物質の規制だけではその効果が十分ではない区域について、複合臭として嗅覚測定法に基づく臭気指数の規制を導入できるようにしたものである。規制値としては臭気強度2.5および3.5に対応する臭気指数の値を採用している。

　下・排水を処理する各種水処理設備は、その処理過程において下・排水、夾雑物、汚泥等から臭気を発生させる。これら臭気は悪臭となって作業環境の悪化、施設周辺へ発散して付近の住環境に悪影響を及ぼす恐れがある。また、設備の腐食を進行させ、運転管理に支障を起こす可能性もある。これらの問題を解消するために脱臭設備が、ほとんどの水処理施設に必要欠くことができないものとして具備されている。脱臭設備は、臭気の「捕集設備」と「処理設備」から構成される。「捕集設備」は臭気の発生源を覆うカバー設備と臭気を集めて処理設備へ送るダクト設備およびファン設備からなる。設備の材質としては、カバー設備はコンクリート、ステンレス、アルミ合金、合成樹脂等が用いられ、ダクト設備はステンレス、合成樹脂等が用いられる。「処理設備」は臭気の種類、濃度、臭気量、設置条件等により適正な脱臭方法及び設備が選定される。脱臭設備としては、一般的に比較的高濃度臭気に適用される「燃焼法」、「洗浄法」、「生物法」、低濃度用としての「吸着法」及び消臭・脱臭剤法が採用されている。それらの概要および特徴について**表2.9.2**に示す。

第2章 水処理設備の概要

表2.9.1 6段階臭気強度表示法(1) <文献2-6>

悪臭物質	物質濃度 1	2	2.5	3	3.5	4	5	主要発生源事業場	におい
アンモニア	0.1	0.6	1	2	5	1×10	4×10	畜産農業、鶏糞乾燥場、複合肥料製造業、でん粉製造業、化製場、魚腸骨処理場、フェザー処理場、ごみ処理場、し尿処理場、下水処理場等	し尿のような臭い
メチルメルカプタン	0.0001	0.0007	0.002	0.004	0.01	0.08	0.2	クラフトパルプ製造業、化製場、魚腸骨処理業、し尿処理場、ごみ処理場、下水処理場	腐った玉ねぎのような臭い
硫化水素	0.0005	0.006	0.02	0.06	0.2	0.7	8	畜産農業、クラフトパルプ製造業、化製場、ゼラチン・にかわ製造業、ビスコース・レーヨン製造業、魚腸骨処理場、フェザー処理場、ごみ処理場、し尿処理場、下水処理場	腐った卵のような臭い
硫化メチル	0.0001	0.002	0.01	0.05	0.2	0.8	2×10	クラフトパルプ製造業、化製場、魚腸骨処理場、ごみ処理場、し尿処理場、下水処理場等	腐ったキャベツのような臭い
二硫化メチル	0.0003	0.003	0.009	0.03	0.1	0.3	3		
トリメチルアミン	0.0001	0.001	0.005	0.02	0.07	0.2	3	畜産農業、複合肥料製造業、化製場、魚腸骨処理場、水産かん詰製造業等	腐った魚のような臭い
アセトアルデヒド	0.002	0.01	0.05	0.1	0.5	1	1×10	アセトアルデヒド製造工場、酢酸ビニル製造工場、クロロプレン製造工場、たばこ製造工場、複合肥料製造工場等	刺激的な青くさい臭い
スチレン	0.03	0.2	0.4	0.8	2	4	2×10	スチレン製造工場、ポリスチレン製造・加工工場、SBR製造工場、FRP製品製造工場、化粧合板製造工場等	都市ガスのような臭い
プロピオン酸	0.002	0.01	0.03	0.07	0.2	0.4	2	脂肪酸製造工場、染色工場、畜産事業場	刺激的な酸っぱい臭い
ノルマル酪酸	0.00007	0.0004	0.001	0.002	0.006	0.02	0.09	畜産事業場、化製場、魚腸骨処理場、鶏糞乾燥場、畜産食料品製造工場、し尿処理場、廃棄物処分場等	汗くさい臭い
ノルマル吉草酸	0.0001	0.0005	0.0009	0.002	0.004	0.008	0.04		むれた靴下のような臭い
イソ吉草酸	0.00005	0.0004	0.001	0.004	0.01	0.03	0.3		むれた靴下のような臭い
トルエン	0.9	5	1×10	3×10	6×10	1×10^2	7×10^2	塗装工場、その他の金属製品製造工場、繊維工場、その他の機械製造工場、印刷工場、鋳物工場等	ガソリンのような臭い
キシレン	0.1	0.5	1	2	5	1×10	5×10		ガソリンのような臭い
酢酸エチル	0.3	1	3	7	2×10	4×10	2×10^2	自動車修理工場、木工工場、輸送用機械器	刺激的なシンナーのような臭い
メチルイソブチルケトン	0.2	0.7	1	3	6	1×10	5×10		刺激的なシンナーのような臭い
イソブタノール	0.01	0.2	0.9	4	2×10	7×10	1×10^3		刺激的な発酵した臭い

表 2.9.1 6段階臭気強度表示法(2) <文献 2-6>

悪臭物質	物質濃度						主要発生源事業場	に お い
臭気強度	1	2	2.5	3	3.5	4	5		
プロピオンアルデヒド	0.002	0.02	0.05	0.1	0.5	1	1×10	塗装工場、その他の金属製品製造工場、自動車修理工場、印刷工場、魚腸骨処理場、油脂系食料品製造工場、輸送用機械器具製造工場等	刺激的な甘酸っぱい焦げた臭い
ノルマルブチルアルデヒド	0.0003	0.003	0.009	0.03	0.08	0.3	2		刺激的な甘酸っぱい焦げた臭い
イソブチルアルデヒド	0.0009	0.008	0.02	0.07	0.2	0.6	5		刺激的な甘酸っぱい焦げた臭い
ノルマルバレルアルデヒド	0.0007	0.004	0.009	0.02	0.05	0.1	0.6		むせるような甘酸っぱい焦げた臭い
イソバレルアルデヒド	0.0002	0.001	0.003	0.006	0.01	0.03	0.2		むせるような甘酸っぱい焦げた臭い

※ 1) 都道府県知事あるいは政令指定都市市長は、指定地域内において臭気強度 2.5～3.5 の範囲内で地域の実状により特定悪臭物質及びその濃度を設定する。
2) 6段階臭気強度表示法

臭気強度	においの程度
0	無臭
1	やっと感知できるにおい (検知閾値濃度)
2	何のにおいであるかがわかる弱いにおい (認知閾値濃度)
3	らくに感知できるにおい
4	強いにおい
5	強烈なにおい

(引用資料：廃棄物処理施設 生活環境影響調査指針 環境省大臣官房廃棄物・リサイクル対策部 平成18年9月)

表 2.9.2 脱臭装置の種類と概要(1) <文献 2-7>

防脱臭技術（脱臭方法）			原理	特徴	主な適用対象例	適用上の留意点（適用範囲・前処理の必要性など）
洗浄法	水洗法		臭気成分を水に溶解・吸収させ、除去する。	装置が簡単で、設置費も安い。ガスの冷却効果もある。	コンポスト化施設、種々の施設での脱臭の前処理	多量の水が必要。処理水からの発臭にも注意。排水処理が必要なこともある。
	薬液洗浄法		臭気物質を薬液（酸、アルカリ、酸化剤）と接触させ、科学的中和や酸化反応により、無臭化する。	設備費や運転費が比較的安い。ミストやダストも除去できる。低・中濃度の水溶性臭気成分の処理に適している。	畜産施設、飼料・肥料工場、食品製造工場、下水処理場、し尿処理場、化製場	薬液の調整や補充、pH調整、計器点検等の維持管理が必要。酸化剤では過剰添加すると処理ガスに薬品臭が残存する。排水処理が必要。
吸着法	固定床回収式		複数の吸着塔でそれらの塔を切り替えながら、吸着と脱着再生を行う。	高濃度の溶剤系臭気に有効。多くの実績もあり、操作も比較的簡単である	自動車工場、塗装工場、塗料製造工場	排水処理が必要である。ケトン系溶剤では発火防止対策が必要である。回収溶剤は、燃料等で再利用が可能である。
	流動床回収式		流動性のある微少球体活性炭を用いて空気輸送により吸着塔と脱着塔を循環させ脱臭する。	排水がほとんど発生しない。回収溶剤の水分量も少ない。メンテナンスも容易。	塗装工場、グラビア印刷、粘着テープ工場、半導体工場、樹脂工場	特殊な形状の活性炭であるため、活性炭の値段が高い。装置の高さが高い。
	ハニカム式濃縮装置		ハニカム式ローターを回転させて、吸着と脱着を連続して行い、低濃度臭気を凝縮。	大風量、低濃度臭気に適している。他の脱臭法と組み合わせることにより、装置の小型化が可能。	印刷工場、塗装工場、塗料製造工場、接着剤工場、テープ製造工場	前処理としてフィルターで除塵する必要がある。
	固定床交換式		吸着塔に粒状活性炭を充填し、吸着除去。破過すれば、交換・再生処理する。添着炭使用で効率が向上。	低濃度臭気に適している。比較的廉価で、維持管理も容易。他の脱臭法の仕上げ処理として使用。	下水処理場、ごみ焼却場、し尿処理場、実験動物舎、香料製造工場	前処理が必要な臭気には、水洗塔や除塵装置を設置。高濃度臭気には適していない。定期的に活性炭の交換が必要である。
燃焼法	直接燃焼法		約650～800℃で臭気を燃焼させることにより、臭気成分を酸化分解する。	中・高濃度臭気に適している。腐敗臭、魚腸骨処理臭、溶剤臭など広範囲な臭気に適用可能。	化製場、魚腸骨処理場、金属塗装工場、印刷工場	ランニングコストが高い。処理後ガスにはNoxが含まれ、弱い燃焼臭が残存。廃熱の有効利用。
	触媒燃焼法		通常、150～350℃で触媒上で臭気を燃焼し、酸化分解させる。	溶剤系の臭気に適している。燃料の使用量が直接法と比べて少なく、経済的。	グラビア印刷工場、オフセット印刷工場、金属印刷工場、合成樹脂工場、粘着テープ工場	触媒被毒となる物質除去のため、除塵、水洗、ダミー触媒等での前処理が必要。貴金属触媒が高価。
	蓄熱脱臭法	燃焼法	蓄熱体を用いて、熱効率を高め、約800～1000℃で燃焼。	熱交換効率が高い。排ガス量の多いものに適している。	自動車塗装工場、印刷工場、化学工場、ラミネート工場	設備が大きく、重い。立上げ昇温に時間を要する。ダンパーの日常点検が必要。
		触媒法	200～400℃に昇温し、触媒上で酸化分解させる。	排ガス量の少ないものにも適用可。蓄熱体にはハニカムや球状体	塗装工場、塗料製造工場、化学工場	触媒管理は触媒燃焼法と留意点は同じ。設置スペースも小さくて済む。
生物脱臭法	土壌脱臭法		臭気を土壌中に通気し、吸着・吸収された臭気成分が土壌微生物により分解される。	運転費が安く、維持管理も比較的容易。低・中濃度の臭気に適している。	下水処理場及び中継ポンプ場、農業集落排水処理施設、畜産施設、コンポスト化施設	広い敷地面積が必要。乾期には散水が必要。土壌の通気抵抗が増すため、表面を耕うんする必要がある。

表2.9.2 脱臭装置の種類と概要(2) <文献 2-7>

防脱臭技術 (脱臭方法)		原理	特徴	主な適用対象例	適用上の留意点 (適用範囲・前処理の必要性など)
生物脱臭法	充填塔式 生物脱臭法	微生物充填担体を充填塔に詰め、そこに臭気を通して、臭気を微生物で分解させる。	中～高濃度の腐敗臭の処理に適している。運転費も安く、維持管理も比較的容易である。	下水処理場、 し尿処理場、 食品加工工場、 飼料肥料工場	充填担体の保水性に合わせて散水。生物分解性の悪い臭気成分には不適。
	活性汚泥 ばっき法	活性汚泥槽に臭気を吹き込み、臭気成分を溶解させ、生物分解させる。	活性汚泥排水処理施設のある工場では、悪臭処理用に併用でき、設備費が安くつく。	下水処理場、 し尿処理場、 食品加工工場	送入ガス量が限定される。処理後ガスには弱い汚泥臭が残る。排水処理への影響は少ない。
	活性汚泥ス クラバー法	スクラバー方式で洗浄液に活性汚泥液を用いて臭気を生物分解させる。	余剰活性汚泥を入手できる施設では本方式はメリットが大きい。装置のコンパクト化が可能。	鋳物工場、 有機肥料工場、 飼料工場	リンや窒素などの栄養塩添加が必要なこともある。循環槽には空気を供給し、汚泥の引き抜き・補給をする必要がある。
オゾン脱臭法		必要量のオゾンを臭気に混合し、脱臭触媒塔に導き、触媒上で臭気とオゾンとの反応を速やかに行わせ、臭気とオゾン水とを気液接触させる方法もある。	比較的薄い臭気腐敗臭に対して高い脱臭効果が安定して得られる。比較的コンパクトで、水・薬品・燃料を使用せずメンテナンスが容易。	下水処理場、 下水中継ポンプ場、 農村集落排水処理施設、 漁業集落廃水処理場、 し尿処理場	前処理としてミストセパレータを使う。高濃度硫化水素除去には前段に脱硫塔を設ける。触媒の寿命到達時には、オゾンが徐々に漏れだし、触媒取り替え時期を知ることができる。
光触媒脱臭法		酸化チタン光触媒に紫外線を照射すると触媒表面にOHラジカルやスーパーオキシドイオンが生成され、悪臭分子とそれらが接触するとその強い酸化力により、分解させる。	光のエネルギーを利用して臭気を分解させるため、薬品や燃料が不要で環境負荷が小さい。希薄な臭気の処理に適する。技術的に解決すべき点も多く、開発途中の技術といえる。	空気清浄機、 防臭効果機能付きの各種製品、 タイル、シート壁材、和紙、塗料	表面の汚れが活性を低下させるため、前処理用フィルターが必要である。脱臭効果は光が届く範囲に限定される。触媒上の数ミクロン部位での反応であるため、触媒上での滞留時間が1秒程度と短い場合には効果が期待できない。
プラズマ脱臭法		臭気物質を含んだ被処理空気中で高周波放電を行い、活性分子、ラジカル、オゾンを発生させ、その酸化能力により、臭気を分解させる。	運転操作が簡単である。薬品等を使用せず、廃棄物も出ないので環境負荷が小さい。放電の消費電力も小さく、ランニングコストも安い。適用できる濃度範囲が広い。	食品製造工場、 飼料製造工場、 排水処理施設、 ごみピット、 コンポスト化施設、 ゴム製造工場、 アスファルト製造工場、 アミノ酸製造工場	引火性のガスには適していない。相対湿度が高いために、ミストセパレータや調湿ヒータが前処理として必要である。エアフィルタで除塵する必要がある。触媒には寿命があり、定期的に交換する必要がある。
消・脱臭剤法		消・脱臭剤を臭気に噴霧したり、堆積物などに噴霧したりして感覚的に臭気を和らげる。	装置も簡単で、経費が安くつく。一般に、薄い臭気に有効である。	ごみ処理施設、 厨房排気、 ごみ集積場、 公衆トイレ	芳香剤を用いる場合には強くなりすぎないように注意。散布処理では効果は一時的である。
希釈・拡散法		臭気を希釈することにより、人間の嗅覚で不快と感じられないレベルまで低下させる。	希釈により不快性が低下する臭気に有効。小発生源で低濃度臭気に適する。メンテナンスが容易で設備費が安い。	レストラン、 トイレ、 ごみ置場、 ビルピット排気	煙突による拡散効果は期待する時には、周辺の住居などの立地条件を配慮して、排出位置を決定する必要がある。

第3章

物理・化学処理法
～基本技術からハイテクまで～

- 3.1 沈降分離
- 3.2 凝集分離
- 3.3 浮上分離
- 3.4 ろ　過
- 3.5 膜分離
- 3.6 RO膜分離
- 3.7 活性炭吸着
- 3.8 イオン交換
- 3.9 酸化分解
- 3.10 消　毒
- 3.11 電気透析

3.1 沈降分離

流体中に浮遊分散している固体粒子は、重力の場において粒子／流体間の密度差を利用して分離することができる。粒子の密度が液体の密度より大きい場合は沈降分離、逆に小さい場合は浮上分離により粒子を分離することができる。沈降分離操作は、上・下水処理場、し尿処理場、その他のあらゆる用排水処理施設において土砂類の除去、SS の沈殿分離、汚泥の濃縮など最も多用される。

コロイド状で流体中に懸濁している微小粒子に対し、凝集剤を添加し、粒子を粗大化して分離する方法を凝集分離というが、これについては浮上分離と共に後で述べる。

水面積負荷　沈降分離の難易は一般に対象粒子の沈降速度によるといえるが、その沈降速度は、粒子の形状、密度、流体の密度および粘度などに左右され正確な値を求めるのは容易ではない。そのため、便宜的に粒子を理想的な単一球形粒子として沈降速度が算出される。沈降分離槽としては、**図3.1**に示されるように粒子の沈降速度 v よりも流体の槽内上昇速度 V を小さくする必要がある。結局、この上昇速度 V は流入負荷量 Q を槽の水面積 A で割った値となり、水面積負荷と呼ばれる分離槽の設計において最も重要な因子の一つである。

各装置の水面積負荷の一例を**表3.1**に示す。沈砂池では、沈降の速い砂の除去を目的とするため水面積負荷の値を大きくとることができるが、沈みにくい有機性汚泥粒子の分離を目的とする最終沈殿池（活性汚泥の沈降分離）においては、小さな値となり、その結果大きな沈殿面積が必要になる。

分離効率アップの工夫　重力の場を遠心力の場に置き換えて分離するのが遠心分離である。分散粒子を含む流体に回転運動を与えた場合、分散粒子には**遠心効果** $Z = r\omega^2 / 9.8\,N$ が作用し、重力の Z 倍の遠心力が回転半径方向に働いて沈降分離される。この遠心分離を利用した装置としては、砂の分離を目的とした液体サイクロン、汚泥の濃縮および脱水を目的とした遠心分離機などがある。

また、沈降分離槽に傾斜板を挿入して分離効率を上げる方法がある。粒子の沈降速度は槽水深に無関係で、分離の効率は水面積によって決まる。槽内に傾斜板を配置した場合、粒子の沈降分離は液面上と傾斜板の裏面からも進行し、沈降槽水面積が傾斜板の水平投影面積分増加することになる。

第3章 物理・化学処理法

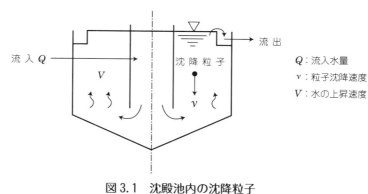

図3.1 沈殿池内の沈降粒子

表3.1 各装置の水面積負荷（下水処理場）

装置名	水面積負荷〔$m^3/m^2 \cdot$日〕
雨水沈砂池	3 600
汚水沈砂池	1 800
最初沈殿池	25〜70
最終沈殿池	20〜30

用語解説

①**コロイド状粒子**：大きさは0.001〜1μm程度の微細粒子で、周囲の流体の分子運動の影響を受けて不規則な運動をするようになる。

②**遠心効果 Z**：半径 r、角速度 ω（rad/秒）の回転体の遠心力の大きさをあらわす尺度で、重力加速度9.8 N の倍数を示す。

3.2　凝集分離

固液分離を行う場合、水中に懸濁する微粒子の沈降速度 V は次式で表され、粒子径が小さくなるほど沈降速度は遅くなり、重力による分離が難しくなる。

$$V = \frac{D^2 (P - P_w) g}{1.8 P_a \cdot s}$$

ただし、V：粒子の沈降速度　　D：粒子の直径　　P：粒子の密度
　　　　P_w：水の密度　　$P_a \cdot s$：水の粘度　　g：重力の加速度

一般に、懸濁質の粒子径が 10 μm 以上であれば重力沈殿や砂ろ過で分離できるが、さらに細かいコロイド状の微粒子になると安定した分散状態にあり、静置しても沈降しない。そのため、通常は凝集剤を添加して分散粒子を集合、粗大化して分離する手法がとられる。また、凝集処理では濁質の分離と共に水中に溶解しているリン、COD、色度成分も除去されるため、排水処理では特に高度処理において最も多く採用される。

凝集分離の原理　　排水中に懸濁している粒子の表面は、一般に負に帯電しており、互いに同種の電荷のために反発しあって合一が妨げられている。薬品添加による凝集作用は、図 3.2 に示すように二つの過程からなる。①無機凝集剤を添加して粒子表面の荷電中和を行い、粒子が合一しやすくする。同時に析出した金属水酸化物に濁質を抱き込ませる（一次フロック化）。②凝集した**フロック**を高分子凝集剤の架橋作用により粗大化させる（二次フロック化）。そして十分に粗大化したフロックは重力沈降（凝集沈殿）、浮上分離（凝集浮上）またはろ過（凝集ろ過）によって分離される。

凝集に影響する因子　　同じ凝集剤を同量使いながら操作を誤まると、結果は大違いという重要な操作因子がある。

（1）pH の影響：凝集処理で最も重要な操作因子で、懸濁粒子表面の荷電の強さ、排水中の溶解物質の析出、薬品の凝集効果を左右する。各凝集剤の適性 pH 域を**表 3.2** に示す。

（2）撹拌：凝集剤の種類、役割によって撹拌の内容が変わってくる。すなわち、一次フロックを作るためには、短時間で薬品と濁質を混和するために急速撹拌が、また、二次フロックを形成させるためには、粒子間の架橋を壊すことなく成長するように緩速撹拌が、それぞれ適している。

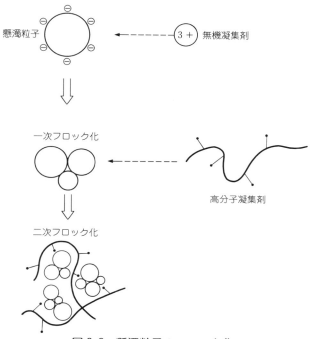

図 3.2　懸濁粒子のフロック化

表 3.2　凝集剤の有効 pH 域

凝集剤の種類	pHの有効範囲	特　　徴
硫酸アルミニウム	5～8	腐食性は少ない フロックが軽い
ポリ塩化アルミニウム	5～8	中和剤が少ない フロックが軽い
塩化第二鉄	4～11	有効pH範囲が広い フロックが重い
ポリ硫酸第二鉄	4～11	有効pH範囲が広い フロックが重い

用語解説

①**フロック**：液中で集合することなく安定的に分散する懸濁粒子を凝集剤の力によって沈降分離できる大きさまで粗大化されたもの。

3.3 浮上分離

　油分等の比重が軽い懸濁質の場合、3.2項　凝集分離で示した粒子の沈降速度式において、$(P-P_w)$ が負の場合には懸濁質を水面上に浮上させて分離できる。また水より重くても、その比重差が非常に小さくて沈降分離しにくい場合に、懸濁質に微細気泡を付着させて、見かけの比重を水より小さくして、浮かせて分離することができる。これを浮上分離法といい、排水処理では、前処理、高度処理、汚泥濃縮などでよく採用される操作である（図3.3.1）。

　微細気泡を懸濁質に付着させる方法には、散気板などで生じた微細気泡の表面に浮遊粒子を付着させて浮上させる方法と、加圧下のもとで空気を過剰に溶解させた水を排水中に減圧放出し、過飽和空気を粒子表面に析出付着させる方法とがあるが、排水処理において使われるのは、ほとんどの場合、後者による方法で加圧浮上法という。

気固比　　加圧浮上操作において最も重要な操作因子は、単位重量当たりの分離対象粒子を浮上分離させるのに必要となる空気量で、これを気固比と呼び、kg−空気／kg−固形物で表わされる。気固比は粒子の物性や操作条件のほか、分離操作の用途にも大きく左右されるが、生活排水処理においては通常、$0.02 \sim 0.04$ kg−空気／kg−固形物の範囲で操作される。

　図3.3.2に水に対する空気の溶解量を示す。空気の溶解量は温度を一定とすると絶対圧力に比例し、加圧力が高いほど水へ溶解する空気量が多くなる。一般に $0.2 \sim 0.5$ MPa の加圧下で溶解操作される。

浮上分離の種類と用途　　浮上分離法の中でもいろいろな種類があり、一般に次のように分類できる。

　自然浮上法の事例としては、前処理段階で用いられる油分離がある。常圧浮上は、凝集剤や起泡助剤を添加して汚泥を浮上させるもので、下水汚泥の濃縮などに採用されている。

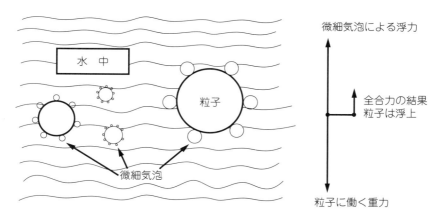

図 3.3.1　浮上分離の原理

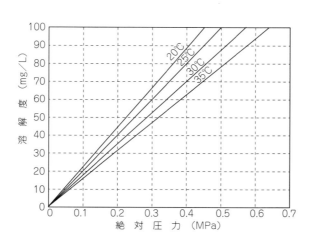

図 3.3.2　水に対する空気の溶解量

3.4　ろ　過

　水中に浮遊している不溶性物質（SS）をろ過材を使って分離する操作をろ過といい、ろ過には清澄ろ過とケーキろ過がある。清澄ろ過は、比較的濃度が薄い原液を処理して清澄水を得る場合で、鋼または布状のフィルタを用いたフィルタろ過と、粒子状の砂や合成樹脂等のろ材を用いたろ材ろ過がある。そして、ろ材として砂を用いたものを砂ろ過といって、上水、下水および一般廃水処理の分野で広く採用されている。

　ケーキろ過は、高濃度スラリーのSS分離に用いられる場合のもので、フィルタ面に捕捉堆積したSSそのものがケーキ層としてろ材の役目を果たす機構を持ったろ過で、汚泥の濃縮・脱水などに用いられる。なお、ここでは、砂ろ過を中心としたろ材ろ過について述べる。

ろ過装置の種類　ろ過速度（処理量／ろ過面積）の違いから、緩速ろ過と急速ろ過に分けられる。緩速ろ過は $10 \mathrm{~m}^3/\mathrm{m}^2 \cdot$ 日以下の低いろ過速度で通水し、ろ材（砂）のろ過機能だけでなく、ろ材の表層部に形成されるろ過膜の生物化学的作用も期待できる処理で、以前は上水処理で多用されていたが、設置スペース及び原水水質の悪化による処理操作の改変などから、今では採用されるケースはほとんどない。急速ろ過は $150 \sim 700 \mathrm{~m}^3/\mathrm{m}^2 \cdot$ 日程度の比較的速いろ過速度で運転されるもので、今では従来の緩速ろ過にとって代わり、一般に砂ろ過といえば急速ろ過を示すことになる。このほか、下水処理の高度処理用に設置する砂ろ過設備の省スペース化システムとして $1\,000 \mathrm{~m}^3/\mathrm{m}^2 \cdot$ 日程度の高速ろ過装置も採用されている。

　形式上からの分類では、原水の通水方法により下向流式と上向流式に、運転操作圧により重力式と圧力式に、ろ床の型式により固定床式と移動床式に、また、ろ材層の数により単層式と多層式に分類されるなど、実に様々な種類がある。

ろ材粒径の大切さ　ろ材粒子は小さいほど小さなSSを捕捉でき、除去率を上げることができる反面、ろ過抵抗（通水抵抗）は大きくなり、したがって、ろ過速度も小さく抑えざるを得ない。一般に、SSの捕捉はろ材粒子表面への付着と考えられ、SSの除去率はろ材層厚に比例し、粒子径に反比例するといえる。

　また、逆洗後のろ材粒子径の位置的な偏りを防ぎ、全ろ過域での平均したろ過機能を保つために、ろ材の粒子径はできるだけ揃える必要がある（粒子径の

揃いの程度を表す指標に**均等係数**がある）。上向流の移動床式の砂ろ過では、通常均等係数1.4以下の砂が用いられる。

表3.4　急速ろ過の種類

ろ過器の形式	原水の流れ方向	ろ床の型式
重力式	下向流	固定床型
		移動床型
	上向流	固定床型
		移動床型
	水平流	移動床型
圧力式	下向流	固定床型
	上向流	固定床型
	上下向流	固定床型

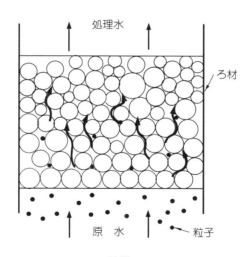

図3.4　ろ材による懸濁粒子の捕捉（イメージ）

用語解説

①**均等係数**：粒径の揃いの程度を示す指標。ふるい分けにおいて、60％通過率の粒径と10％通過率の粒径との比でバラツキが大きいほど大きな値となり、揃いの程度が高いほど1.0に近づく。

3.5 膜分離

　膜分離技術はフィルタろ過の一種であるといえるが、その歴史は古く、1919年ドイツで無菌水の製造を目的としてメンブレンフィルターが開発されたことに始まる。そして、その後の各時代における社会情勢の要求に応じ、有価物質の回収・再利用、水資源の確保・開拓、水環境の水質保全を目的として、産業排水処理、し尿処理、中水道、浄水の多くの分野において膜分離技術が積極的に採用されるようになった。

膜の種類　膜は一般に、膜表面の細孔の大きさにより、精密ろ過膜（MF：Micro Filter）、限外ろ過膜（UF：Ultra Filter）、ナノろ過膜（NF：Nano Filter）および逆浸透ろ過膜（RO：Reverse Osmosis）に分類されるが、その分離対象粒子は、**図3.5**に示されるように、どれも数ミクロン以下の微細粒子で、ROに至っては塩素イオンなど分子量が数十の分子の分離も可能である。膜材質は各メーカーにより多数のものが開発されているが、高分子有機膜が多く、セラミック製無機膜も開発、実用化されている。

フラックスとファウリング　膜の透過性能を表す**フラックス**は膜の種類、用途によって大きく異なるが、循環液の濃度、圧力、膜表面流速などの操作条件にも大きく左右される。さらに、当然のことながら運転時間の経過と共に膜表面は固型物の付着などにより汚染され、フラックスは徐々に低下する。この種の性能低下は洗浄によりある程度までは回復可能であり、この現象をファウリングと称して膜の劣化（膜材質の経年劣化による強度低下や損傷など）と区別される。膜の最大の特徴は"各々の膜に相応する大きさの微小粒子を確実に分離できる"ことであるが、"水量負荷的に融通が利かない"ことが最大の弱点となる。安定したフラックスを維持するために膜の洗浄による機能回復が大変重要となる。

膜分離技術の用途　膜の用途は、清澄水を得ると共に、有害物質の除去または有価物の回収を目的とする"清澄ろ過"と高濃度活性汚泥処理に代表される"濃縮分離"に大きく分けることができる。前者の用途例としては、浄水処理・ビル排水循環再利用する中水道などがあり、後者の例としては、膜分離活性汚泥処理がある。膜分離は、水中の固形物をほぼ完全に除去することが可能で、細菌類についても、その大部分を除去することができる。浄水処理においては、従来の処理工程を大幅に簡素化するとも

に、病原性微生物をカットする用途、あるいは、ビル排水を処理し中水道として再利用する用途、また最近では下水道の膜分離活性汚泥処理に用いられている。膜分離活性汚泥処理は、高度な処理水が得られるとともに、反応タンク内 MLSS を高濃度に保持することができ、短時間での処理が可能となる。

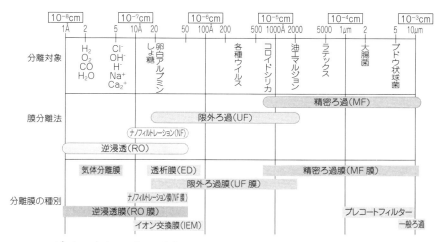

※1Å（オングストローム）は百億分の1メートル。1μm（ミクロン）は百万分の1メートル

図 3.5　膜分離法の種類＜文献 3-1＞

> **用語解説**
>
> ①**フラックス**：膜の単位面積当たりの透過水量を示すもの（透過流速）で、$m^3 / m^2 \cdot$日で表わされる。

3.6　RO 膜（逆浸透膜）分離

3.5 膜分離の項目でも述べたように、RO 膜は膜表面の細孔径が最も小さい部類に属する膜で、逆浸透膜とも呼ばれる。(**逆浸透**の原理は**図 3.6.1** に示す)

RO 膜は 1970 年代に実用化され、海水淡水化等の用途に用いられてきた。離島や乾燥地帯等における飲料水等の造水装置としてなくてはならない物である（**図 3.6.2**）。その後 RO 膜の用途は、電子工業分野における超純水の製造、製造工場における排水の再利用、果汁や乳製品の濃縮、清掃工場や浸出排水の脱塩等に広がっている。近い将来において全世界的な水資源の不足が指摘されている昨今、RO 膜利用による淡水の製造用途は、今後も飛躍的な増加が見込まれる。

RO 膜の材質・構造　膜の材質には、酢酸セルロース、芳香族ポリアミド、ポリスルホン等の有機合成膜が使用されており、より低操作圧、耐汚染性の向上、高阻止率を目指しメーカーにより種々の研究開発が行われている。RO 膜の構造は、単位装置当りの膜面積を大きくするため、膜をスパイラル状に成形、直径 10 cm 長さ 1 m 程度にしたものを一般的に膜エレメントと称される（**図 3.6.3**）。この膜エレメントをベッセルと呼ばれる筒状の圧力容器内に複数本直列に収納し膜モジュールを構成する。膜にはクロスフローで原液が通水され、ろ過処理される。

RO 膜の運転　膜の浸透操作圧は、一般に 1.0 ～ 6.5 MPa 程度が必要で、原水の塩類濃度が高い程、また回収率（原水量に対する透過水量の比率）を大きくとる程、高い圧力が必要である。海水淡水化の場合、通常 5 ～ 6 MPa 程度で運転される。膜面への汚れの付着や、スケール等の発生に対し慎重な検討が必要で、排水に応じた適切な前処理が必要である。一般的には前段にカートリッジフィルターや MF 膜ろ過が適用される。

RO 膜による造水コストの大部分は、高圧の浸透圧を得るための加圧ポンプに必要な動力である。低ランニングコストの要請から、膜浸透圧の残圧を回収する装置が開発され用いられている。これは、膜から排出される濃縮水の持つ高圧を、タービンやローター機構により膜入口原水側へ伝える装置である。大規模海水淡水化装置の場合、加圧ポンプ動力を半分程度に抑えられる等、大きな省エネ効果が得られる。

第3章 物理・化学処理法

浸透の原理 / 逆浸透の原理

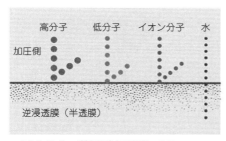

図 3.6.1 逆浸透の原理 ＜文献 3-2＞

図 3.6.2 海水淡水化システムの例
＜文献 3-3＞

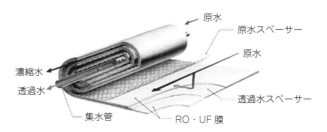

図 3.6.3 スパイラル型膜エレメントの構造図 ＜文献 3-4＞

用語解説

①**逆浸透法**：水は透過するが、溶質はほとんど透過しない性質を持った膜（これを半透膜あるいは逆浸透膜という）を介して溶液と水を置くと、水だけが溶液側に移動する。これが浸透である。このとき溶液側に圧力をかけると、水溶液中の水だけが半透膜を透過して水側に移動する。このようにして、水溶液から水を取り出すことができる。これが、逆浸透法（RO：Reverse Osmosis）の原理である。

3.7 活性炭吸着

活性炭は**水中の有機物**、特に微量有機物の除去に著しい効果を示す。有機物を含む水に粉末活性炭を添加し、しばらく攪拌を続けていくと、排水中の有機物濃度が徐々に減少し、最終的に、ある一定の平衡濃度に達する。これは、液と接触している活性炭表面に有機物が濃縮されるために生じる現象である。このような現象を吸着という。吸着力は、その固体の持つ表面の性状による。すなわち、表面積が大きければ、吸着力はそれだけ増加する。吸着剤としての第一要件は、大きい表面積を持つことであり、この意味において、単位重量（体積）当たりの表面積が大きい活性炭は、最もすぐれた吸着物質の一つである。

活性炭の不思議な機能　1g 当たり 900 ～ 1800 m^2 の表面積を持ち、現在の吸着処理剤として最上位にある。活性炭は**図 3.7.1** に示すような構造で、原料は大別して植物性（木材、果実殻等）と鉱物性（石油、石炭、コークス等）があるが、近年は鉱物性のものが圧倒的に流通量が多い。活性炭には粒状と粉末状のものがある。粒状炭は再生して繰り返し使用できる。再生方法としては、熱再生法と薬品再生法があるが、前者の場合、一般に 500 ～ 900℃の温度処理が必要になる。

吸着等温線　排水に含まれる有機物が吸着されやすい物質であるかどうか、また単位質量の活性炭で、どの程度の排水量が処理できるかなどを予測するうえでも、活性炭の平衡吸着量を知っておく必要がある。一定温度において、活性炭と排水とを接触させて平衡状態に達したときの溶質濃度（平衡濃度）を横軸に、そのとき活性炭に吸着された溶質量（吸着量）を縦軸に表されたものを吸着等温線という。**図 3.7.2** において、(a) のように直線の勾配が小さいときは、低濃度から高濃度にわたってよく吸着する。また(b)は高濃度では吸着量は大きいが、低濃度域では吸着量が著しく小さいことを示している。

浄水処理　活性炭は現在、異臭味や ABS（洗剤）などの除去用として多数用いられている。また、大部分の処理場においては酸化剤、殺菌剤として塩素が使用されているが、**フミン**質などの**前駆物質**と反応して、発癌性の疑いのあるトリハロメタン（THM）などの有機ハロゲン化合物を生成する。その対応策として、近年、前駆物質をオゾン処理＋活性炭吸着で除去する高度浄水処理が用いられている。

第3章 物理・化学処理法

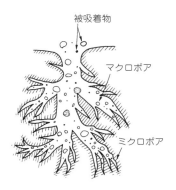
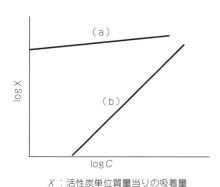

X：活性炭単位質量当りの吸着量
C：平衡濃度

図 3.7.1　活性炭の構造＜文献 3-5＞　　図 3.7.2　吸着等温線＜文献 3-5＞

- 用語解説 -

①**水中の有機物**：水質の汚濁に関係する主要物質の一つである。含有量が増大すると自浄作用が停止し、水中の微生物及び水棲生物を死滅させたり、水を腐敗させ硫化水素を発生させたりする。

②**フミン**：植物などが微生物によって分解されるときの最終生成物で、難分解性の高分子化合物の総称である。腐植物質ともいう。

③**前駆物質**：着目する生成物の前の段階にある一連の物質を指すが、一般には一つ前の段階の物質を指す。主要な生体物質の生合成過程についていうことが多い。

3.8 イオン交換

イオン交換とは

イオンAが結合したイオン交換材R-Aが別のイオンBを含む溶液と接したとき、BがR-Aの中に入り、溶液中にAが出てくる。

$$R\text{-}A + B \rightarrow R\text{-}B + A$$

このような現象をイオン交換と呼び、イオン交換現象を示す材料を総称してイオン交換材という。イオン交換材の代表的なものはイオン交換樹脂で、カチオン（陽イオン）を吸着する陽イオン交換樹脂と、アニオン（陰イオン）を吸着する陰イオン交換樹脂とがある。

溶液の精製

イオン交換樹脂の使用例として代表的なものは純水装置である。大型ボイラーの給水処理や半導体用超純水の製造に欠かせないものである。原水中の硬度成分や塩類を吸着処理し塩類濃度が数mg/lの純水を精製するものである。樹脂に吸着された個々のイオンは、再生により樹脂から溶離され、イオン濃縮水となる。すなわち、イオン交換はイオンの濃縮と精製を行うプロセスであるといえる。

イオン交換樹脂は非常に高価なため、通常、再生により繰り返し使用される。再生は酸、アルカリ、あるいは食塩の溶液が使用され、その結果、これらの濃厚廃液が発生してくるので、イオン交換処理の採用にあたっては、その処理、処分にも十分配慮しておく必要がある。また、原水のイオン濃度が高い場合には、処理コストの面からRO膜や電気透析（3.11参照）による前処理をおこなう方が有利なことも多い。

キレート樹脂

イオン交換基の代わりに、金属イオン等とキレートを作る官能基を導入した樹脂をキレート樹脂と呼ぶ。キレート樹脂は、排水中の重金属や水銀を選択的に吸着する特徴を持つ。また、キレート反応は極めて安定性が高いので、排水中の重金属類を確実に低濃度まで処理する方法として産業排水処理、清掃工場洗煙排水処理、浸出排水処理に用いられている。キレート樹脂は、吸着力が強いので、前述のイオン交換樹脂のような再生は不可能で、使い捨て使用が一般的である。

第 3 章 物理・化学処理法

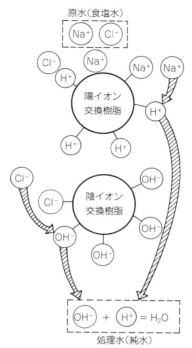

図 3.8　イオン交換反応の概念図

用語解説

① **イオン**：正または負に荷電した原子や原子団。電気的に中性の原子や分子が電子を失い、または得ることによって、その電子の数だけの電気量（イオン価）を帯びたもの。電子は－（マイナス）の電荷を持っているので、これを失えば陽イオンになり、得れば陰イオンとなる。
② **R**：Resin（樹脂）の頭文字 R を意味する。R－A とは樹脂 R の中にイオン A が結合していることを表わす。

59

3.9 酸化分解

酸化処理　電子を失う反応を酸化、相手の物質を酸化する物質を酸化剤という。酸化処理は水処理においてきわめて重要な一手法である。水処理で、代表的な酸化処理といえば、生物学的酸化処理であり、活性汚泥法や散水ろ床法などの好気性処理で、すでに確立されたプロセスとなっている。

下水処理やし尿処理における生物反応槽では、微生物による生化学反応が無数に起こっている。そのうち、有機物は酸素により分解され、アンモニアは亜硝酸や硝酸に変換される。これらは酸化反応である。

オゾン酸化　オゾンは非常に強い酸化力を持つ。オゾンによる殺菌は、この酸化力による細菌の細胞膜の破壊や分解によってなされ、塩素より消毒速度が早いといわれている。オゾンは反応性が高いので有機物の分解、臭気や色の除去にも効果があり、これにもオゾンが消費される。

促進酸化　促進酸化は非常に酸化力の強いHOラジカルを発生させ、これにより水中の汚濁物質を酸化分解しようとするものである。HOラジカルの発生方法としては図3.9のように様々な方法がある。HOラジカルは、**酸化還元電位**（酸性条件下）では2.85 eVであり、オゾンの2.07 eV、過酸化水素の1.77 eV、次亜塩素酸の1.49 eVと比較しても、その酸化力は非常に強い。

各種有機物とHOラジカルとの反応速度定数およびオゾンとの反応速度定数を表3.9に示す。すなわち、HOラジカルとオゾンでは反応速度は大きく異なり、HOラジカルはオゾンに比べて非常に酸化力が強いことがわかる。特に、生物難分解性物質に対して非選択的に分解が可能でありダイオキシン類、環境ホルモン、農薬類に対しても、高い反応速度定数となっており、分解が可能である。また、最近問題になっている下水放流水中に残留する医薬品成分についても分解が期待される。AOP（促進酸化法：Advanced Oxidation Process）には有機物の完全分解が可能、二次廃棄物が発生しない、微量汚染物質の分解除去が可能、という特徴がある。

第3章 物理・化学処理法

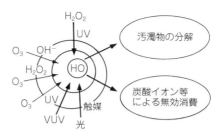

図 3.9　HO ラジカルの発生方法 ＜文献 3-6＞

表 3.9　各種有機物のオゾンおよび HO ラジカルとの反応速度定数 ＜文献 3-7＞

	オゾンとの反応速度定数 $(1/M\cdot s)$	HO ラジカルとの反応速度定数 $(1/M\cdot s)$
フタル酸ジエステル	0.14 ± 0.05	4×10^9
フタル酸ジメチル	0.20 ± 0.10	4×10^9
トリクロロベンゼン	≤ 0.06	4×10^9
PCBs	< 0.05 < 0.9	5×10^9 6×10^9
2,3,7,8 − PCDD	−	4×10^9
アトラジン	24 ± 4 13 ± 1 6.0 ± 0.3	$(2.6 \pm 0.4) \times 10^9$
シマジン	4.8 ± 0.2	$(2.8 \pm 0.2) \times 10^9$
ペンタクロロフェノール	$> 3 \times 10^5$	4×10^9

用語解説

① **ラジカル**：不対電子を持つ原子または原子団。一般に、化学反応性が大きく、不安定。気相での光化学反応や熱化学反応、また工業化学上重要な各種の重合反応など、種々の化学反応の中間体として現れる。すなわち、原子、分子が反応性が高い状態にあること。

② **酸化還元電位**：酸化還元対を含む溶液に白金電極と水素電極とを入れると、両極間に電位差が生じる。これを酸化還元電位（Oxidation Reduction Potencial、略して ORP と書く）という。

③ **eV**：電子ボルト（Electron Volt）の略。1 個の電子が 1 V の電位差だけ移動したとき電子が得るエネルギー。$1(eV) = 1.6 \times 10 - 19(J)$。

3.10 消　毒

消毒とは　　消毒とは、病原性微生物を選択的に死滅させることをいう。すなわち、この処理過程では、すべての微生物を死滅させることはできない。

下水やし尿処理水中の病原性微生物は大腸菌群数で代表され、公共用水域への排出基準値としては、3 000 個/mL 以下にすることが規定されている。このため、処理場の最終段においては、消毒設備が設置されている。

最も一般的な消毒剤は塩素であるが、他に紫外線やオゾンによるものがある。これまで用いられてきた消毒剤の特徴を**表 3.10**に示す。

塩素消毒　　消毒用塩素剤として最もよく用いられているのは次亜塩素酸ソーダである。

塩素は強い酸化力や殺菌作用を持ち、これは細胞膜を通過して酵素の作用を阻害したり、高濃度では細菌の細胞膜を破壊することなどで引き起こされる。

塩素は、水に溶けると次亜塩素酸 HOCl と塩酸　HCl を生成し、さらに次亜塩素酸 HOCl は、アルカリ性域になると、次亜塩素酸イオン OCl^- として存在する。

図 3.10.1 は次亜塩素酸の pH による存在形態を示したものであり、pH に応じて次亜塩素酸と次亜塩素酸イオンの存在比が変化する。排水中にアンモニア NH_3 が存在する場合、次亜塩素酸 HOCl は NH_3 と反応して、段階的にモノクロラミンを生成する。クロラミンとして存在する塩素は、結合塩素と呼ばれ、殺菌力を持つが、その効力は、遊離残留塩素より劣る。**図 3.10.2** に大腸菌を 99％殺菌するために必要な時間と塩素濃度の関係を示す。塩素の存在形態により殺菌力が異なり、次亜塩素酸、次亜塩素酸イオン、モノクロラミンの順に殺菌力の強いことがわかる。

紫外線消毒　　波長 200 ～ 290 nm の紫外線は微生物の細胞膜を透過し、生命の遺伝現象と生物機能をつかさどる核酸（DNA）に損傷を与え、その増殖能力を失わせる作用がある。紫外線殺菌は、特にこの作用が強い 250 ～ 260 nm（通常 254 nm 付近）の波長の紫外線を利用して殺菌する。薬品を利用する方法と異なり殺菌作用の残留効果はない。

オゾン消毒　　オゾンは、塩素剤に比べて、酸化力が強く、取り扱いが容易であり、さらに最近、下水処理水は都市部における水資源とし

て見直されており、修景用・親水用水として用いられ、その際の消毒、脱色及び脱臭を目的としての利用が増えてきている。

表 3.10　主な消毒技術の特徴<文献 3-8>

	塩素消毒		紫外線消毒	オゾン消毒
	次亜塩素溶液	固形塩素		
適応処理場規模	中、大	小	小、中	中、大
現場の安全管理	重要	中	小	中
放流先の水生生物への影響	有	有	無	無
接触又は照射時間	長	長	短	長

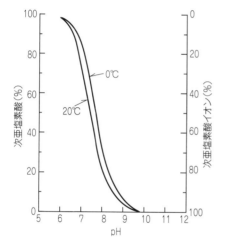

図 3.10.1　次亜塩素酸の pH による変化
<文献 3-9>

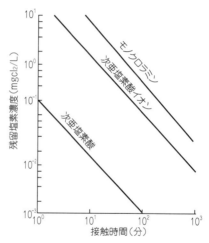

図 3.10.2　大腸菌を 99% 殺菌するために必要な塩素濃度<文献 3-9>

用語解説

① DNA：Deoxyridonucleiacid（デオキシリボ核酸）の略。親から子孫へ引き継がれる様々な遺伝子情報を規定する基本単位（遺伝子）の本体となるもの。

3.11 電気透析

電気透析とは　電気透析法は逆浸透法、蒸発法、イオン交換法などとともに、塩類分離技術の一つである。主として、塩類の除去や濃縮に用いられる。

また、海水や地下かん水からの飲料水や工業用水の製造、各種の製造工程での分離・精製などにも適用されている。最近では廃液の処理、廃液からの有価成分の回収、排水の高度処理技術としても利用、研究が進められている。特に、処理水を再利用しようという場合、塩類濃度が高いと金属材料の腐食やスケールの発生、農業用水への利用時の塩害などが懸念されるため、膜分離法などとともに処理法の一つとして検討されている。

電気透析法の原理　陰陽いずれか一方だけを選択的に透過させる膜、すなわち陽イオンのみを透過する陽イオン交換膜（c膜）と陰イオンのみを透過する陰イオン交換膜（a膜）を図3.11に示すように交互に多数配置してセルを作る。両端に電極を浸し電流を加えると、陽イオンは陰極方向に、陰イオンは陽極方向に、それぞれの膜を透過して移動する。このとき、NaCl溶液中では、Na^+は陽イオン交換膜を透過して、隣のセルに移動するが、Cl^-は透過しない。同様に、Cl^-は、陰イオン交換膜を透過して移動するが、Na^+は透過しない。このようにして、脱塩水と濃縮水とが、一つおきのセル内に生成する。これが、電気透析法の原理であり、塩類の除去や濃縮に利用できる理由である。

適用時のポイント　電気透析法は、イオン化している無機塩類を除去対象としており、浮遊物（SS）や溶解性有機物は除去できない。また、イオン化していても、鉄、マンガン、あるいは高分子の有機酸などは膜に付着沈積して劣化を起こす原因となるので好ましくない。したがって、利用にあたって、そのような物質が問題となるときは、あらかじめ前処理段階で除去しておく必要がある。

廃液処理適用例　海水の濃縮や脱塩のほか、硫酸アルミニウムなど塩類を含む廃液を電気透析法により塩類を濃縮分離し脱塩水としたり、硫酸塩や硝酸塩含有廃液を酸とアルカリに分離、回収するのに適用されている。

第 3 章　物理・化学処理法

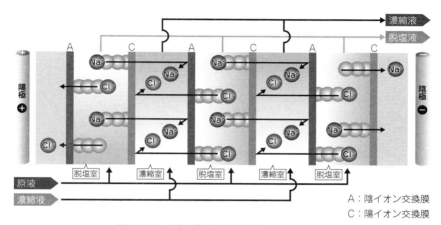

図 3.11　電気透析法の原理 ＜文献 3-10＞

第4章

生物学的処理法
～ミクロの決闘～

- 4.1　活性汚泥法
- 4.2　生物膜法
- 4.3　担体法
- 4.4　嫌気性処理法
- 4.5　硝化脱窒法
- 4.6　生物学的脱りん法
- 4.7　アナモックス法
- 4.8　土壌処理法

4.1 活性汚泥法

活性汚泥法は下水、し尿及び有機性廃水を処理する最も有力な生物化学的処理法の一つである。

活性汚泥法の原理
　活性汚泥法の中核は反応槽（曝気槽）である。ここでは、活性汚泥といわれる好気性微生物（細菌・カビ・**原生動物**など）を多量に含む返送汚泥を、処理すべき排水と十分混合し、微生物の活動に必要な空気を供給するため曝気する。正常な活性汚泥は分離が容易であるため、曝気後の混合液は、沈殿池において沈降分離させ、その上澄水は処理水として放流される。沈殿した活性汚泥のうち、排水処理に必要な量は反応槽に返送され、再度、**種汚泥**として処理に使用される。沈殿汚泥の増殖分は、余剰汚泥として別途処理される（**図4.1.1**）。

曝気方式
　活性汚泥を最適条件に維持管理するためには、反応槽での攪拌は、浮遊フロック（**MLSS**）が過度にせん断されず、かつ沈殿しない程度にする必要がある。また、活性汚泥混合液の溶存酸素濃度は、活性汚泥が活動するのに必要な濃度（$1 \sim 2 \, \text{mg/L}$）以上になるように、活性汚泥の酸素利用速度よりも大きい速度で酸素を供給する必要がある。この酸素供給方法には、空気曝気式の散気方式や機械攪拌方式などがある（**図4.1.2**）。

設計基準
　活性汚泥法の設計基準や運転要素の定義を示す。
①BOD－SS負荷量：反応槽内において活性汚泥微生物は、下水中の有機物を栄養物として摂取して増殖し、下水中の有機物は酸化分解されるため、排水は浄化される。活性汚泥法では、排水中の有機物除去能をBOD－SS負荷量（BODkg／反応槽全SSkg／日）で示す。

②エアレーション時間（HRT）：反応槽内で流入排水が酸化分解される時間を示す。下水の場合は通常6～8時間を基準としている。

③汚泥令と活性微生物の平均滞留時間（SRT）：汚泥令は、活性汚泥になり得る下水中の浮遊物質（SS）の反応槽内における平均の滞留時間を意味する。汚泥令が3～4日の範囲を超えると活性汚泥の沈降性が著しく悪くなる。また、活性微生物の平均滞留時間（SRT）は、反応槽内の固形物量の平均曝気時間を示し、汚泥令よりもさらに厳密な微生物の滞留時間を示す。

　標準活性汚泥法の設計基準を**表4.1**に示す。

第4章 生物学的処理法

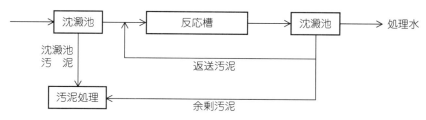

図4.1.1 標準活性汚泥法の処理工程

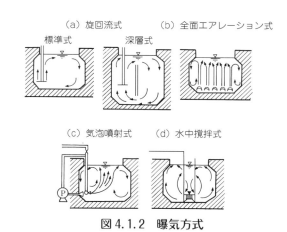

図4.1.2 曝気方式

表4.1 設計基準 <文献 4-1>

MLSS	BOD-SS負荷	HRT	SRT
mg/L	BODkg/SSkg/日	時間	日
1 500〜2 000	0.2〜0.4	6〜8	3〜6

用語解説

① **原生動物**：単細胞動物の総称で外側の皮質部にべん毛やせん毛を持ち、自由に動くものもいる。活性汚泥中によく存在し、反応槽管理の指標でもある。

② **種汚泥**：試運転時などに早く正常運転が必要なときなど活性汚泥を短期間で増殖させるために、他の場所から搬入する少量の活性汚泥をいう。

③ **MLSS**：反応槽内で浮遊している固形物(主に微生物の集まり)を示し、単位容量(m^3)当たりの固形物量 (g) で表す。

4.2 生物膜法

浄化の機構　活性汚泥法と生物膜法がよく対比される。これは、浄化の主体である微生物群の繁殖場所の違いによる。

活性汚泥は、生物群自体が叢を作って水中に浮遊しているのに対して、生物膜法は、生物群が支持体に付着している状態で浄化する方式である。したがって生物膜法では、微生物はシステム内を移動しない。

装置の構造　生物膜法の代表的な装置には、散水ろ床、接触曝気、回転円板装置等がある。

① 散水ろ床装置：散水ろ床はろ材を充填したろ床が中心となり、それに付属するものとして、ろ床へ排水を送るための調整タンク、排水を散布するための散水装置および型式により処理水を循環するために必要なタンクおよびポンプ類で構成される。ろ床流出水に対しては、SS 分を沈降除去するために、最後沈殿池を設けるのが普通であり、特に高速ろ床では十分な沈殿を行う必要がある。

この処理方式は、簡易な浄化法で有機物の除去効率が低く、ろ床ばえの発生があるため、衛生面で問題があるため、最近ではあまり採用されない。

② 接触曝気装置：本法は接触材を水中に浸漬させ、その表面または固体間の空隙部に、生物膜または生物塊を定着させて、それらと排水とを接触させて、生物学的浄化を図る機構である。

接触材を固定し、槽内の曝気装置により接触材に付着した微生物に酸素を送り浄化する（**図 4.2.1**）。

③ 回転円板装置：回転円板法の基本形は本体の中心軸に多数の軽量で強固な構造の円板体を固定し、半円筒形状の接触反応槽に円板表面積の約 40％を浸漬させ、駆動装置により周速 18 m／分程度で低速回転させる。ただし、高濃度排水処理や硝化処理では、これ以上の周速で回転させたほうが浄化率を向上できる場合もある。

本法は 1 軸 1 段が基本となるが、各円板体の負荷を均等化するために、同じ構造の円板体を直列多段に配列することもある（**図 4.2.2**）。

第4章　生物学的処理法

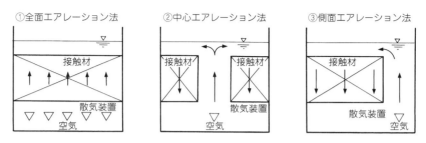

図4.2.1　接触曝気装置の構造図＜文献 4-2＞

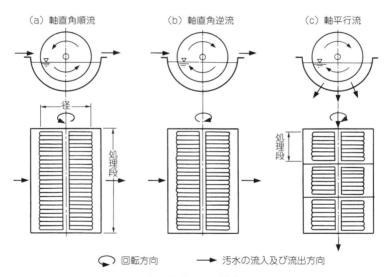

図4.2.2　回転円板装置の構造図＜文献 4-3＞

4.3 担体法

浄化の機構　排水の生物学的処理法は、微生物の働きを利用するものであるが、処理時間の短縮や処理水質の高度化のためには、反応槽内の微生物濃度を高めることと、活性微生物滞留時間を増大させて、浄化能力を持っている微生物を反応槽内に多く保持することが必要である。

担体法は、包括固定化法、結合固定化法を用いて、反応槽内における微生物の高濃度化、微生物滞留時間の増大化を図る方式である。循環式硝化脱窒法の好気タンクに担体を投入した場合のフローを**図4.3.1**に示す。

担体法の方式　担体は、微生物の固定化法により包括固定化法と結合固定化法の2法に分類される（**図4.3.2**）。

①包括固定化法：微生物を**ゲル**の微細な格子構造内に包括する方法。

　包括法は高分子ゲルの細かい格子の中に微生物を取り組む格子型と、半透膜の高分子皮膜により微生物を包み込むカプセル型に分けることができる。排水処理においては、このうち流動、撹拌条件を考え、格子型について検討が進められてきたが、現在では、**PVA**や**PEG**などの強固なゲルが、排水処理用に開発され、カプセル型が実用化されている。

②結合固定化法：水に不溶性の担体に微生物を付着させる方法。

　排水処理の分野で用いられる結合固定化法は、そのほとんどが担体表面または細孔中に自然発生的に付着する微生物を利用して固定化を行うものである。

　固定化された微生物は、反応槽内から流出しないので、返送汚泥なしでも長期間有機物を分解しつづけることが可能となる。

担体の種類　固定化の担体は、合成高分子と天然高分子に分かれ、合成高分子の場合は、天然高分子に比べて、担体としての素材が多いので、現在は合成高分子が多く使用されている。

第 4 章　生物学的処理法

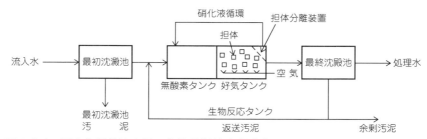

図 4.3.1　固定化担体法を用いた生物学的窒素除去システムのフロー ＜文献 4-4＞

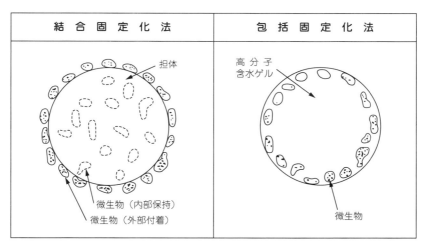

図 4.3.2　固定化技術の分類図 ＜文献 4-5＞

用語解説

① **ゲル**：寒天やゼラチンなどの状態で、多量の水を含んだ液体状であるが、内部には空隙を多く含んだもので、外形を保つ支持構造を持った状態。
② **PVA**：ポリビニールアルコールの略称である。無色の粉末で水によく溶ける。接着剤、分散剤、水溶性フィルムに用いる。
③ **PEG**：ポリエチレングリコールの略称である。ワックス状で接着剤、洗剤に用いる。

4.4 嫌気性処理法

浄化の機構　嫌気性処理法では、有機物質が嫌気性条件下でメタン（CH_4）や二酸化炭素（CO_2）を含む種々の最終生成物にまで生物学的に分解される。この処理法は、酸素を嫌う菌を利用するため、空気が入らないように密閉反応槽を用いる。有機物質の生物学的分解は三つの段階で生ずる。最初は、固形の高分子化合物が溶解する加水分解が起こる。第二段階（酸発酵）では、第一段階で、生じた低分子の中間化合物が、低級脂肪酸等へ分解される。第三段階（メタン発酵）には、低級脂肪酸が最終生成物（主としてメタンと二酸化炭素）へ分解される（図 4.4.1）。ガスエンジンなどに利用可能なメタンガスの回収は、嫌気性処理法の重要な利点である。

従来は下水汚泥や高有機物濃度産業廃水などの処理として多用されてきたが、近年、生ごみやし尿の余剰汚泥からメタンガスを回収し、残存した汚泥は堆肥化して土壌に還元する循環型社会を目指した処理システムの主要な処理法としても採用されるようになった。

嫌気性処理法の方式
①嫌気性消化法：標準的消化法では消化槽の内容物は加温され、完全混合される。消化に必要な滞留時間は、通常15～30日である。下水では従来、二段消化法が採用されていたが、近年は消化槽一基による一段消化法にかわりつつある（図 4.4.2）。

② UASB 法：排水を反応槽の底から流入させる。その排水は生物学的に形成された汚泥床を通過して上方に流れていく。遊離ガスおよび汚泥より離脱されたガスは、反応槽の頂部に設置されたガス捕集用蓋中に捕集される。いくらかの残存固形物や生物粒子を含む液は沈殿池で固液分離される。分離された固形物は沈降し、邪魔板を通過して汚泥床の表面に戻る（図 4.4.3）。

③嫌気性ろ床法：排水中の有機物質処理に用いられる種々のタイプの固形性ろ材が充填された反応槽である。排水は、表面に嫌気性細菌が増殖し、保持されたろ材と接触しながら反応槽を上方に流れていく。

④流動床法：排水は、表面に微生物が付着増殖した砂等の流動床中を上方に流れる。流出水の一部は、流入排水を希釈し、ろ床を膨潤状態に維持するのに適切な流量を与えるために循環される。大量の生物が維持されうるので、非常に短い滞留時間で排水の処理が可能である。

第 4 章　生物学的処理法

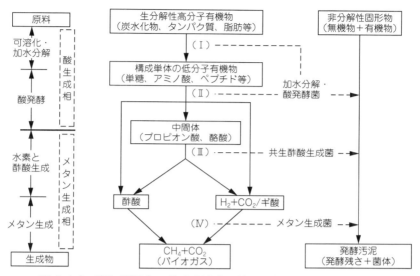

図 4.4.1　嫌気性消化における炭素の流れの模式図 <文献 4-6>

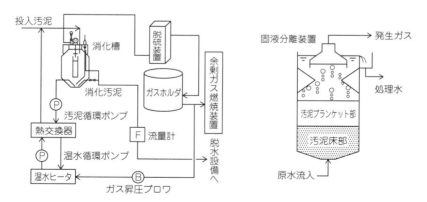

図 4.4.2　嫌気性汚泥消化（一段消化法）
<文献 4-7>

図 4.4.3　嫌気性汚泥消化
（USAB 法）

(用語解説)

① **UASB 法**：Up − flow Anarerobic Sludge Blanket process の略。汚泥を粒状化して高濃度の生物を保持できる。

4.5 硝化脱窒法

　下・排水、し尿などの窒素除去プロセスには多くの方法があるが、それらのうちで生物学的硝化・脱窒プロセスは、処理効果並びにその安定性、さらには経済性などを総合的に考慮して、最も有力なプロセスであると一般に考えられている。このプロセスは、好気性処理である硝化と、嫌気性処理である脱窒を組み合わせたプロセスで、生物反応を利用して窒素除去を行うものである。

生物脱窒法の原理　　無機性窒素と排水中の炭素源を酸化して細胞合成のエネルギーを得るもので、独立栄養菌である亜硝酸菌（Nitrosomonas）および硝酸菌（Nitrobacter）の作用によって、次のように2段階の酸化作用が起こり、アンモニア性窒素が硝酸性窒素に変換される。

$$\text{Nitrosomonas}: NH_4^+ + 1.5\,O_2 \rightarrow NO_2^- + H_2O + 2\,H^+ \\ \text{Nitrobacter}\quad: NO_2^- + 0.5\,O_2 \rightarrow NO_3^- \quad\quad\quad\Bigg\} \quad(1)$$

さらに、総括反応式は、$NH_4^+ + 2\,O_2 \rightarrow NO_3^- + H_2O + 2\,H^+$　　　(2)

(2) 式より1gのアンモニア性窒素を酸化するには、4.57gの酸素を要する。また、硝化反応では硝酸が増加して、排水のpHが低下するため、通常、アルカリ剤（苛性ソーダ等）を好気タンクに注入する必要がある。

　次に、無酸素状態で**通性嫌気性菌**である脱窒細菌により、主に硝酸性窒素は無害の窒素ガスに変換される。

$$\text{脱窒菌}: 2\,NO_3^- + 10\,H \rightarrow N_2 + 2\,OH^- + 4\,H_2O \quad\quad\quad(3)$$

(3) 式より硝酸を窒素ガスに変換するためには水素源が必要である。大部分の水素源は、排水中の有機物から利用するが、不足する場合は、取扱いや経済性からメタノールを無酸素タンクに注入する場合もある。

　生物学的脱窒法の代表例として、循環式硝化脱窒法（**図4.5.1**）やステップ流入式硝化脱窒法（**図4.5.2**）がある。

　ステップ流入式硝化脱窒法は、無酸素タンクと好気タンクを2段直列に配置して流入水を各無酸素タンクにステップ流入させる。ステップ流入させることで循環式硝化脱窒法において硝化液循環量を増やすのと同じ効果が得られ、硝化液を循環することなく高い窒素除去率を得ることができ、また反応タンク全体の菌体保持量も増やせるため反応タンク容量を小さくすることができる。

第4章　生物学的処理法

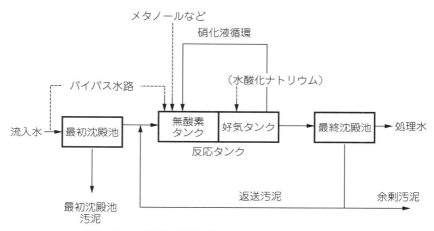

図4.5.1　循環式硝化脱窒法のフロー＜文献 4-8＞

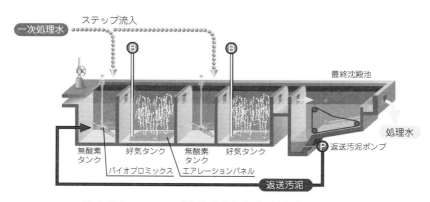

図4.5.2　ステップ流入式嫌気好気脱窒法のフロー

用語解説

①**通性嫌気性菌**：酸素呼吸も行うが何らかの発酵、あるいはその他のエネルギー獲得反応によって無酸素状態でも増殖できる菌。

4.6 生物学的脱リン法

生物脱リン法の原理　リン過剰摂取を行う能力を持つ微生物を含む活性汚泥を嫌気状態に置くと、活性汚泥は菌体内から排水中に正リン酸態リン（溶解性 PO_4-P）を放出し、混合液中の溶解性 PO_4-P 濃度は増加する。この状態を一定時間継続した後、活性汚泥を好気状態に置くと、活性汚泥微生物は逆に排水中に放出した量以上の溶解性 PO_4-P を菌体内に摂取する。これを活性汚泥微生物によるリンの過剰摂取現象という。

この結果、混合液中の溶解性 PO_4-P 濃度は流入水中の濃度以下まで減少し、最終的には、ほぼ 1 mg/L 以下の濃度にまで低下可能である。この状態で固液分離を行えば、リン濃度の低い上澄水を得ることができる。

嫌気・好気活性汚泥法　生物脱リンの原理を利用した生物脱リン法の代表的方式として、嫌気・好気活性汚泥法のフローを**図 4.6.1** に示す。

嫌気・好気活性汚泥法は、標準活性汚泥法と同等の有機物（BOD）除去ができる。一般的な都市下水を処理した場合、80％程度のリン除去率（T-P）が期待できる。

脱窒・リン同時除去方式　嫌気・無酸素・好気法は、生物学的リン除去プロセスと生物学的窒素除去プロセスを組み合わせた処理法で、活性汚泥微生物によるリンの過剰摂取現象および硝化脱窒反応を利用するものである。この方式は、循環式硝化脱窒法と嫌気・好気活性汚泥法とを組み合せた方式で、一般的に A_2O 法と呼ばれている。

すなわち、本法に適用されるリン除去プロセスは嫌気・好気活性汚泥法であり、窒素除去プロセスは循環式硝化脱窒法である。反応タンクを嫌気タンク、無酸素タンク、好気タンクの順に配置し、流入水と返送汚泥を嫌気タンクに流入させる一方、好気タンク混合液を無酸素タンクへ循環するプロセスである。

大都市の合流式下水処理場の高度処理（主に窒素、リンの処理）では、雨天時に下水中の有機酸濃度が薄くなるため、嫌気槽でのリン放出及び好気槽でのリンの摂取が少なくなる。このため、雨天時には安定したリン除去を行うために凝集剤（PAC）を併用した運転がされている。一方、窒素の除去については適切な窒素負荷を設定すれば安定した除去が可能である。

本法の基本的なフローを**図 4.6.2** に示す。

第4章　生物学的処理法

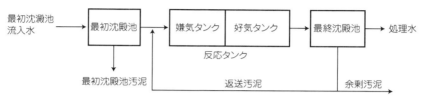

図 4.6.1　嫌気・好気活性汚泥法のフロー ＜文献 4-9＞

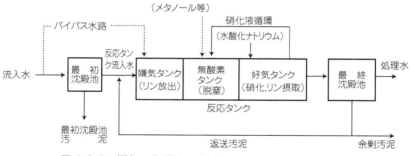

図 4.6.2　嫌気・無酸素・好気法のフロー ＜文献 4-10＞

4.7 アナモックス法

アナモックス　　近年、新しく見出された生物学的な窒素変換反応として、「アナモックス」が注目されている。アナモックスとは、嫌気条件下におけるアンモニア酸化（anaerobic ammonium oxidation）を表す略称であり、独立栄養細菌であるアナモックス菌による代謝反応である。本反応は、従来の硝化－脱窒とは全く異なる代謝経路を有するもので（図4.7.1）、次式に示すように嫌気条件下で独立栄養的に（有機物の添加を必要とせずに）アンモニア性窒素と亜硝酸性窒素を窒素ガスへと変換する。

$$1\ NH_4^+ + 1.32\ NO_2^- + 0.066\ HCO_3^- + 0.13\ H^+$$
$$\rightarrow 1.02\ N_2 + 0.26\ NO_3^- + 0.066\ CH_2O_{0.5}N_{0.15} + 2.03\ H_2O \quad \cdots\cdots (1)$$

窒素成分を含む排水の多くはアンモニア性窒素を主体とするものがほとんどであるため、本反応を排水からの窒素除去に適用する場合は、前処理としてアンモニア性窒素を亜硝酸性窒素に変換する工程（亜硝酸化工程）が必要となる（図4.7.2）。この亜硝酸化工程とアナモックス工程を組み合わせた処理方法は一般的にアナモックスプロセスや嫌気性アンモニア酸化法とよばれ、様々な方式が開発されている。

特徴　　アナモックスプロセスを利用すれば、従来の生物学的硝化脱窒プロセスと比較して、次のような効果が得られる。

①曝気動力の削減

　亜硝酸化工程では排水中のアンモニア性窒素の約半量を亜硝酸性窒素に変換すればよいため、曝気動力を半分以下に削減できる。

②薬品添加量の削減

　アナモックス菌は独立栄養細菌であるため、メタノールなどの脱窒用有機物の添加が不要である。

③汚泥発生量の削減

　アナモックス菌は菌体収率が低いため、余剰汚泥の発生量が非常に少ない。

④処理設備の縮減

　脱窒速度が非常に速いため、高負荷処理が可能となり槽容量を縮減できる。

　本プロセスは、アンモニア性窒素濃度が高く、有機物濃度が低い排水に適していることから、現在、下水処理場の消化汚泥脱水ろ液や産業排水などへの適用が進められている。

第 4 章　生物学的処理法

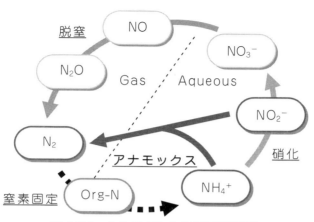

図 4.7.1　生物反応による窒素代謝経路

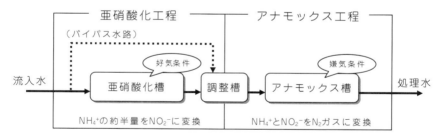

図 4.7.2　アナモックスプロセスの処理フロー

4.8 土壌処理法

浄化の機構　土壌処理法は、土壌に排水を流して、それが土壌表面を流下あるいは土壌中に浸透している間に、沈殿、ろ過、ガス移動、吸着、イオン交換、化学沈殿、化学酸化・還元、生物学的交換・分解および植物による摂取の過程により浄化するものである。すなわち、浮遊物質は沈殿およびろ過により、また有機物質は土壌粒子、植生及び堆積腐植物の表面で増殖する微生物の叢（そう）や微生物膜により分解・除去される。有機態窒素は、有機物の分解に伴い、アンモニア性窒素として遊離される。アンモニア性窒素は、高 pH 条件下での揮散、植物による摂取、あるいはイオン交換反応による土壌粒子等への吸着により除去される。

病原性の細菌や寄生虫などは、死滅、ろ過、捕獲、捕食、吸着などにより除去されるが、処理法により消毒が必要となることもある。また、これらの空気中への飛散による影響にも配慮が必要である。

装置の構造　日本建築センターの「屎尿浄化槽の構造基準・同解説」で地下浸透処理の浄化槽としての装置の構造を決めている。

この一般構造は、一次処理した後、処理水を土壌に均等に散水して浸透させる装置と、浄化のための土壌層を組み合わせた構造になっている（**図 4.8.1**）。

土壌処理法の浸透装置は、トレンチと呼ばれ、掘割溝を示し、溝の幅は 50～70 cm、深さは 60～70 cm 程度である。

また、散水管は 35 cm 程度の厚さの砕石で巻き、トレンチの底部に 15 cm 程度の洗い砂を敷く方法が一般的である。散水管の下部に穴をあけて、汚水が均等に土壌中に浸透するような構造である（**図 4.8.2**）。

第4章　生物学的処理法

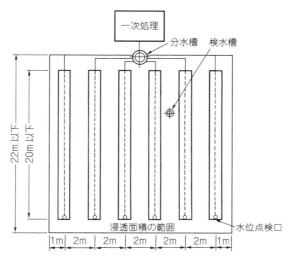

図 4.8.1　地下浸透浄化槽の配置 ＜文献 4-11＞

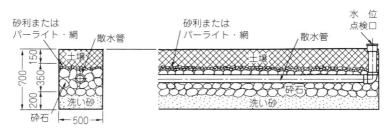

図 4.8.2　トレンチ標準断面図の例 ＜文献 4-12＞

第5章

有害物質の処理技術
～環境汚染の救世主～

- 5.1 有害物質の概要
- 5.2 カドミウム・鉛廃水の処理
- 5.3 6価クロム廃水の処理
- 5.4 水銀廃水の処理
- 5.5 シアン廃水の処理
- 5.6 ヒ素・セレン廃水の処理
- 5.7 農薬廃水の処理
- 5.8 PCB廃水の処理
- 5.9 有機塩素化合物・ベンゼン廃水の処理
- 5.10 ふっ素・ほう素廃水の処理
- 5.11 アンモニア・アンモニウム化合物・亜硝酸化合物・硝酸化合物廃水の処理

5.1 有害物質の概要

　有害物質とは、その名の通り人の健康に害がある化学物質のことである。環境に関係する法律では、大気、水、廃棄物のそれぞれに対応した"人の健康に係る被害を生ずるおそれのある物質"が定められている。そのうち、水処理に関連する法律（水質汚濁防止法）では、**表 5.1** の 27 物質が有害物質として指定されている。

　表 5.1 の有害物質を分類すると、重金属、農薬、有機塩素化合物およびその他のものに分けられる。重金属では、カドミウム、鉛、6 価クロムおよび水銀がある。カドミウムは**イタイイタイ病**の原因となったものであり、中枢神経や筋肉を麻痺させ、腎臓障害、骨軟化症を引き起こす。鉛は、体内に蓄積して中毒症状が発現し、6 価クロムは腎臓障害の原因となり、発ガン性があるといわれている。また、水銀は**水俣病**の原因物質であり、特に有機水銀（アルキル水銀）は毒性が高い。有機水銀は、水銀が工業的に使用されることがなくなるにつれて人為的に生成されることはなくなったが、無機水銀があると自然界で有機水銀に変化するため、水銀及びアルキル水銀を含めた総水銀として規制されている。

　農薬は、パラチオンをはじめとする有機リン化合物および**表 5.1** 中の（19）～（22）の 1,3−ジクロロプロペン、チウラム、シマジン、チオベンカルブである。有機リン化合物は非常に毒性が強いため、パラチオン、メチルパラチオン、メチルジメトンは 1971（昭 46）年以降使用禁止になっている。

　有機塩素化合物は**表 5.1** 中の（10）～（18）である。有機塩素化合物は広い分野で脱脂剤、洗浄剤などに使用されているが、毒性が高く、中枢神経異常、筋肉麻痺、麻酔効果、呼吸緩慢などの作用がある。これらは土壌に浸透し、地下水を汚染する。

　その他のものとしては、猛毒の代表のように考えられているシアン（青酸）、無機物では最強の毒性があるといわれる無水亜ヒ酸を形成するヒ素、**カネミ油症事件**で社会問題となった PCB、発ガン性のあるベンゼン、猛毒のセレン、および環境中に低濃度で存在するが、その濃度が高くなると有害となるふっ素、ほう素、アンモニア等が有害物質として指定されている。

第5章　有害物質の処理技術

表5.1　水質汚濁防止法で指定されている有害物質 <文献 5-1>

	有害物質		排水基準 (mg/L)
(1)	カドミウム及びその化合物		0.03
(2)	シアン化合物		1
(3)	有機リン化合物（パラチオン、メチルパラチオン、メチルジメトン、EPNに限る）		1
(4)	鉛及びその化合物		0.1
(5)	6価クロム化合物		0.5
(6)	ヒ素及びその化合物		0.1
(7)	水銀及びアルキル水銀、その他の水銀化合物		0.005
(8)	アルキル水銀化合物		検出されないこと
(9)	PCB		0.003
(10)	トリクロロエチレン		0.1
(11)	テトラクロロエチレン		0.1
(12)	ジクロロメタン		0.2
(13)	四塩化炭素		0.02
(14)	1,2-ジクロロエタン		0.04
(15)	1,1-ジクロロエチレン		1
(16)	cis-1,2-ジクロロエチレン		0.4
(17)	1,1,1-トリクロロエタン		3
(18)	1,1,2-トリクロロエタン		0.06
(19)	1,3-ジクロロプロペン		0.02
(20)	チウラム		0.06
(21)	シマジン		0.03
(22)	チオベンカルブ		0.2
(23)	ベンゼン		0.1
(24)	セレン及びその化合物		0.1
(25)	ほう素及びその化合物	海域以外に排出する場合	10
		海域に排出する場合	230
(26)	ふっ素及びその化合物	海域以外に排出する場合	8
		海域に排出する場合	15
(27)	アンモニア、アンモニウム化合物、亜硝酸化合物及び硝酸化合物		100*
(28)	1,4-ジオキサン		0.5

（注）＊印：基準値は、硝酸性窒素および亜硝酸性窒素濃度とアンモニア性窒素濃度に0.4を乗じたものの合計量。

用語解説

① **イタイイタイ病**：1955年　富山県神通川流域で、体を動かすだけで骨が折れる原因不明の奇病が発生。病名は患者がイタイイタイと悲鳴をあげたことによる。神通川上流の鉱山排水中のカドミウムが原因。

② **水俣病**：1956年に熊本県水俣湾周辺、1965年に新潟県阿賀野川流域で発生。工場排水中のメチル水銀が魚介類に蓄積し、魚介類を摂取したことが原因。神経が侵され、手足の感覚障害と運動失調、口・目・耳への障害が現れる。

③ **カネミ油症事件**：1968年　熱媒体に使用していたPCBが漏れて食品に混入し、油症患者が発生した事件。これによりPCBの毒性が問題となり、PCBは人に対し皮膚障害、肝臓障害を引き起こす毒性を持つことがわかった。

5.2 カドミウム、鉛廃水の処理

カドミウムは体内に摂取されても、その大部分は排泄されるが、摂取量が多いと体内に蓄積して悪影響を及ぼす。鉛は、体内に蓄積して中毒を起こすので、鉛毒として昔からその毒性が知られている。

排出源 カドミウムや鉛を含むのは、鉱山、非鉄金属精錬業、メッキ工業、化学工業、電子部品・機械部品製造工業、その他から排出される廃水である。廃水中に含まれているカドミウムや鉛を処理する場合、これらを水に溶けない固形物にして沈殿除去する凝集沈殿法（**図 5.2.1**）と、水に溶けているものをイオン交換樹脂で除去する吸着法がある。

凝集沈殿法 カドミウムは、アルカリ性では、水に溶けない固形物となるため、これを沈殿させ、固形分を分離することによって除去することができる。鉛も同様に除去できるが、強アルカリでは、再び水に溶け出すため、pHを最適な条件に管理することが必要である（**図 5.2.2**）。また、カドミウムや鉛は硫化物が共存すると同様に、水に溶けない固形物となるため、硫化物を添加して固形化させ、分離除去することも行われている。

沈殿物として分離したカドミウムや鉛は、そのまま廃棄すると再び溶解して環境汚染を引き起こす可能性がある。このため、キレート剤を加えるなどしてこれらが溶解しないようにした後、セメントやアスファルトを混入して固化するなどの再処理が行われ、重金属類が溶出しないことを確認した後に、廃棄される。これとは別に、沈殿物から重金属類を資源として回収する方法も検討されている。

吸着法 イオン交換樹脂とは、水中のイオンを交換吸着するもので、陽イオンを分離するときには陽イオン交換樹脂が、陰イオンを分離するときには陰イオン交換樹脂が利用される。カドミウムや鉛は、水中で陽イオンとして存在しているため、陽イオン交換樹脂を用いる。

イオン交換樹脂は高価であり、再生して利用されることが多い。再生の際の薬剤費も高価なため、イオン交換樹脂は有価金属を回収する場合や、他に安価な処理法がない場合に適用される。特に処理水にカドミウムや鉛と同様の性質を持つイオンが存在する場合、カドミウムや鉛が除去されなくなったり、回収コストが高くなったりする。イオン交換法は、これらの吸着を阻害するイオンが少なく、除去対象とするものの濃度が低く、処理量が大きいときに有利となる。

第5章　有害物質の処理技術

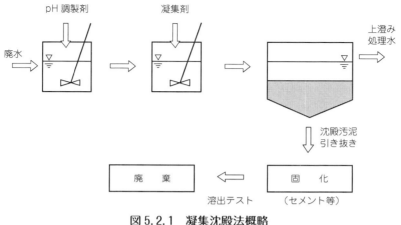

図5.2.1　凝集沈殿法概略

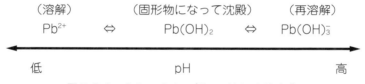

図5.2.2　カドミウム・鉛のpHによる変化

用語解説

①**硫化物**：硫黄化合物のうち、硫黄が−2価の状態（S^{2-}）になっているもの。特に金属類の硫化物はほとんど水に溶けないことが多く、金属類の除去に用いられる。

89

5.3　6価クロム廃水の処理

クロムは通常3価もしくは6価として自然界に存在する。3価のクロムは毒性が比較的弱いのに対し、6価のクロムは非常に毒性が強い。しかし、3価クロムは6価クロムに変化することもあるため、6価クロムは有害物質として、3価クロムは**生活環境項目**として排出が規制されている。

排出源　クロムは各種金属製品の表面処理に使用されるため、電子部品・機械部品、自動車用鋼板・ステンレス鋼板製造業からの廃水中に含まれる場合が多い。皮革工場でもクロム酸なめしに使用されているが、この場合は、ほとんど3価のクロムになっているので、有害物質として6価クロムが問題になることは少ない。

凝集沈殿法　6価クロムはカドミウムや鉛とは異なり、酸性でもアルカリ性でも固形物を形成しない。これに対し、3価のクロムはアルカリ性で固形物を形成して沈殿する。また、6価クロムは容易に3価のクロムに変化するため、6価クロムを3価のクロムに変化させてからアルカリ性にして固形化し、固形物を分離除去することで6価クロムを処理できる。

なお、6価クロムを3価のクロムに変化させるために、亜硫酸塩や硫酸鉄のような薬剤を添加するが、これを過剰に添加すると、生成した固形物が沈殿しにくくなるため、薬剤の添加量を制御することが必要である。また、分離した固形物は、カドミウムや鉛の場合と同じく、そのまま廃棄すると、再び溶解して環境汚染を引き起こす可能性がある。このため固形物は再処理が行われ、溶出しないことを確認した後に廃棄される。

吸着・イオン交換法　6価クロムは、活性炭に吸着されるため、活性炭による除去が可能である。ただし、pHが弱酸性のときに吸着能力が高くなるため、pHを制御するほうが効果の高い処理ができる。活性炭による処理は、6価クロムを**検出限界**以下まで低下させることも可能である。

また、クロムの除去には、イオン交換樹脂も適用される。クロムは、クロム酸として存在することが多く、通常、陰イオンであるため陰イオン交換樹脂によって完全に除去することもできる。しかし、クロムを含む廃水を処理する場合、イオン交換法は再生廃水の処理が必要であり、イオン交換樹脂・再生用の薬剤の費用を考慮すれば処理費用は高くなる。このため、処理量の大きい場合

には適さず、廃水中のクロム濃度が低く、処理量が少ない場合の処理に適用される。

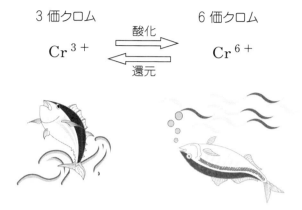

図5.3　3価クロムと6価クロム

用語解説

①**生活環境項目**：水質汚濁防止法では、排水基準を有害物質と生活環境項目に分けて設定している。生活環境項目とは、生活環境を保全するうえで重要となる項目である。

②**検出限界**：分析を行う場合に、その濃度を検出できる最低濃度を指す。したがって、検出限界以下とは、分析を行っても目的の化合物が検出できない状態を示している。

5.4 水銀廃水の処理

　水銀は、常温で唯一、液体として存在する金属である。金属水銀そのものはそれほど毒性はないが、有機水銀は非常に毒性が高い。無機水銀は、自然界で有機水銀に変換されることもある。さらに、有機水銀は生物体内で蓄積・濃縮されるために、食物連鎖によって人間に害を及ぼす。このようなことから、有害物質としては、水銀・アルキル水銀・その他の水銀化合物としての水銀総量の規制およびアルキル水銀としての規制という2本立てで行われている。

排出源　水銀は、昭和40年代までは様々な用途に使用されていたが、昭和40年代後半以降は製品の製造中止や製造法の転換によって使用量は減少し、その後、乾電池も水銀を含まないものに転換されたために、現在では水銀を含む排水は少なくなっている。ごみ焼却場の排水は、家庭ごみに混入した乾電池に由来する水銀を含む可能性があるが、前述のように水銀を含む乾電池が製造中止になっていることから、ごみ焼却場の排水の水銀濃度も低くなっている。

凝集沈殿法　カドミウムや鉛が硫化物によって固形物を形成するのと同様に、水銀も硫化物の共存によって非常に水に溶けにくい固形物を形成する。この固形物を沈殿分離することによって水銀を除去することができる。

　ただし、この方法は無機水銀を対象とするものであり、有機水銀の処理には適用できない。有機水銀を処理する場合には、塩素などを加えて有機水銀を酸化して無機水銀とした後、硫化物を加える凝集沈殿法により除去する方法が行われる。なお、水銀などの排水基準が非常に厳しいものに対しては、凝集沈殿法だけでは排水基準値以下にまで処理することは困難なことが多く、その場合には吸着法を併用することが多い。

吸着法　吸着法としては、活性炭によるものと**キレート樹脂**によるものがある。活性炭は有機水銀の除去方法として有効である。キレート樹脂は、水銀用に開発された水銀キレート樹脂が市販されており、排出基準以下まで水銀濃度を低下させることができる。これら吸着剤による処理を行う場合、まずろ過を行って固形分を除去し、pHを調整、塩素を添加して水銀を無機化し、吸着材に廃水を通過させて処理を行う。

　使用済みの吸着剤は再生が難しいので、専門の業者により焼却炉で600〜

800℃で加熱、水銀は金属水銀として回収される。

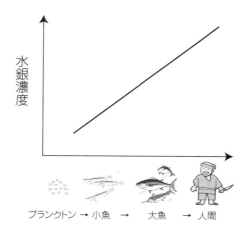

環境中に放出された水銀を、微生物やプランクトンが取り込む。それを食べる小魚中では水銀が濃縮され、小魚を食べる魚、魚を食べる人間には、さらに濃縮されることになる。

図5.4　生物濃縮の概念

用語解説

①**キレート樹脂**：キレート結合で特定のイオンを強く選択吸着する樹脂のこと。イオン交換樹脂の一種である。キレートとは1個の分子もしくは2個以上の配位原子が、金属イオンをはさむようにして配位してできた環構造のことをいい、ギリシヤ語の"カニのはさみ"に由来する。

5.5 シアン廃水の処理

シアンは青酸カリに代表されるように、非常に有毒な物質である。シアンとは、金属のシアン化物、シアン錯塩、ハロゲン化シアン、ニトリルなどの総称である。シアンは有害物質のうちでは処理が容易なものであり、比較的簡単に分解できる。

排出源 シアン含有廃水を排出するのは、メッキ工場、選鉱精錬所、鉄鋼熱処理工場、コークス製造工場などである。メッキ工場の排水には、一般に重金属類も同時に含まれることが多い。

酸化法 シアンは酸化分解されやすい性質がある。このため、塩素系の酸化剤を用いるアルカリ塩素法、オゾンを用いるオゾン酸化法、電気分解の原理を利用した電解酸化法などが行われている。アルカリ塩素法は広く採用されている方法であり、アルカリ性で塩素を添加し、その後、中性にし、さらに塩素を添加する方法である。塩素によりシアンは分解されて無害となる。使用される塩素は、次亜塩素酸ソーダが一般的であるが、さらし粉などを利用する場合もある。なお、塩素を加えると、**トリハロメタン**が発生する可能性がある。

オゾン酸化法も効果が高く、特に廃水中に銅やマンガンが存在すると、それが触媒となってさらに効果が高くなり、またトリハロメタンなどの有害な反応副生成物が発生しない点が優れているが、処理費用が高くなる。電解酸化法は、廃水中に電極を浸漬して電圧をかけて電気分解を行うもので、シアン濃度の高い排水の処理に適用される。

紺青法 シアン廃水中に鉄、ニッケル、コバルトなどが含まれると安定な**錯体**を形成し、酸化されにくくなる。この場合に、鉄を過剰に存在させれば水に溶けない青色の固形物を形成する。この固形物を沈殿分離することによって、シアンを除去できる。

その他 その他、酸分解燃焼法、湿式加熱分解法、吸着法、生物処理法などがある。シアンは酸性では**揮発**しやすいので、酸性にして**曝気**により追い出し、発生したガスを900℃以上で燃焼させて分解するのが酸分解燃焼法である（**図 5.5**）。湿式加熱分解法は高温で廃水を処理するもので、シアン濃度の高い排水の処理に適しているが、処理によってアンモニアとギ酸が生成するため、後処理が必要となる。また、シアンは活性炭や**活性アルミナ**によ

る吸着でも除去することが可能であり、生物処理でも**馴養**さえすれば高効率で除去することが可能である。

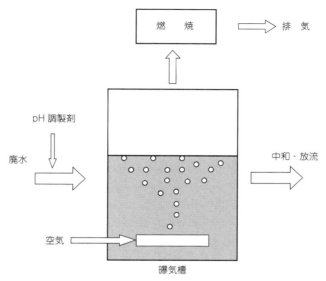

図5.5　酸分解燃焼法概念図

> 用語解説

① **トリハロメタン**：メタン（CH_4）の三つの水素が塩素や臭素等に置換されたもので、水道水を塩素処理するときに原水に含まれた有機物と塩素が反応して生成される。一部に発ガン性のあるものが認められ厚生労働省で 0.1 mg/L 以下の水質基準を設定している。
② **錯体**：中心となるイオンや原子に、異なるイオンや分子が配位し、安定化したもの。
③ **揮発**：液体が常温で気化すること。溶液中に溶けているものが常温で気化する場合も揮発という。
④ **曝気**：水中に空気を吹き込むこと。
⑤ **活性アルミナ**：吸着能力の高いアルミニウム酸化物の微粉末のこと。気体や液体から湿気や油の蒸気などを吸着除去するために用いられる。
⑥ **馴養**：集積培養ともいわれ、分解対象物を含む廃水を、活性汚泥などの微生物群に添加し、徐々に微生物を自然淘汰させて分解対象物を分解する微生物を優先的に増殖させ、処理速度を速めること。

5.6 ヒ素・セレン廃水の処理

　ヒ素そのものは、金属光沢のある灰色の固体だが、化学的にはリンに類似している非金属である。ヒ素自体の毒性はほとんどないが、その化合物である亜ヒ酸などは非常に毒性が強く、「ねこいらず」やシロアリ駆除剤として使用されたほどである。土壌中にヒ素が大量に存在する場合、そこに生育する植物は生育障害を受け、農作物に吸収された場合は、人の健康を損なうおそれのある農畜産物が生産される危険性もある。

　セレンは、生体の微量必須元素で、体内で生成する有害な過酸化物の代謝に関与し、欠乏すると心筋障害が生じる。しかし、セレンを高濃度で摂取すると、中枢神経障害・皮膚炎・胃腸障害などを引き起こす。

排出源　ヒ素は鉱石中に含まれていることが多く、鉱山や精錬工場の廃水に含まれていることが多い。また、無機薬品製造、電子部品製造、ガラス製造業の排水、地熱発電所の熱水や温泉水に含まれることもある。セレンは特異な電気特性を示すことから幅広い用途があり、様々な工業廃水に含まれている可能性がある。ヒ素は廃水中ではヒ酸イオンもしくは亜ヒ酸イオンとして存在し、セレンはセレン酸イオンもしくは亜セレン酸イオンとして存在する場合が多い。

共沈法　共沈とは、化学的性質の似ているものが溶けている溶液において、ある物質を固形化させて沈殿させる際、単独であれば沈殿しないはずの別の物質が、目的とする物質とともに同時に沈殿する現象のことである。ヒ素やセレンを除去する場合、この原理を利用して鉄を加えて固形物を形成させ、共沈効果によって除去する方法が一般的である（**図5.6**）。さらに、ヒ素はカルシウム、マグネシウム、鉄、アルミニウム、亜鉛などの金属類と結び付いて水に溶けない固形物となるため、共沈法によって低濃度まで除去できる。

　沈殿させるために用いる凝集剤としては、塩化第二鉄などの鉄塩を用いることが多い。他に一般的に用いられる凝集剤である硫酸アルミニウムなどのアルミニウム塩は、ヒ素やセレンの除去効果は低い。

　なお、亜ヒ酸よりもヒ酸の方が共沈による除去効果は高い。またセレン酸は共沈による除去効果は低く、亜セレン酸の方が共沈除去効果が期待できる。

その他　活性アルミナ、**酸性白土**、活性炭、陰イオン交換樹脂などを用いた吸着法が検討された例がある。しかし、亜セレン酸の吸着に活性

アルミナが利用できること以外、セレン酸およびヒ素に対しては、いずれの吸着方法も通常の排水処理への適用は難しいと考えられている。

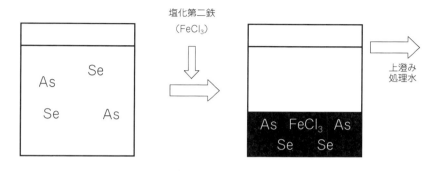

図 5.6　共沈法概念図

用語解説

①**酸性白土**：英語では Japanese acid clay と呼ばれる淡黄色を呈する粘土の一種。吸着能や触媒能を持ち、水に入れると酸性を示す。

5.7 農薬廃水の処理

　農薬類では、パラチオン、メチルパラチオン、メチルジメトンおよびEPNの有機リン化合物、その他の1,3-ジクロロプロペン、チウラム、シマジン、チオベンカルブが有害物質として指定されている。これらは、いずれも人工の有機化合物である。また、農薬として使用されるため、昆虫や微生物に対して毒性を持ち、吸着力が強く、簡単に揮発・分解されずに安定で残留性も高いという性質を持っている。

排出源　　排出源は、これら農薬の製造工場の排水及び農薬が散布された地域からの雨水や浸出水などと考えられている。ただし、残留性が高いという農薬の性質により、いったん土壌などに吸着されると溶出しにくいという側面があり、平成20年度の公共用水域の水質調査で環境基準を超過したところはなかった。

加水分解　　有機リン化合物の農薬は、水中ではアルカリ性で**加水分解**されることが知られている。このため、有機リン化合物の農薬を含む廃水をアルカリ性で加水分解処理し、その処理水を凝集沈殿法やろ過処理法によって無害化し、さらに活性汚泥によって処理することが行われている。しかし、有機リン化合物以外の農薬類は、この方法では処理できない。

吸着法　　有機リン化合物およびその他の農薬のいずれもが、活性炭によく吸着される性質を持っている。したがって、活性炭による吸着が現状では最も有効な方法と考えられている。活性炭を使用後、再生処理する場合には、炉で600～700℃の高温で過熱水蒸気を用いて再生する。

その他の方法　　これらの農薬類はRO膜（逆浸透膜）によって除去できるが、RO膜は基本的に**脱塩水**を得る方法であり、処理費用が高い。さらに、RO膜処理は濃縮する操作であるため、必ず濃縮液が発生し、この濃縮液の処理が必要となる。

　一方、オゾンによって、これらの農薬類が分解除去されることも示されている。オゾンによる処理では、農薬類が部分的に分解されて、生物に対して毒性が低くなるため、農薬類の毒性の除去に有効であると考えられ、また処理水をさらに生物処理することもできる。また、非常に酸化力の強いヒドロキシルラジカルを利用した**促進酸化処理法**によって、これらの農薬類がオゾン処理よりも効率よく分解できることも示されている。

第5章　有害物質の処理技術

```
┌─────────────────────────┐
│        農薬              │
│                         │
│     パラチオン           │
│   メチルパラチオン       │
│   メチルジメトン         │
│       EPN               │
│        ＋               │
│  1,3－ジクロロプロペン   │
│     チウラム             │
│     シマジン             │
│   チオベンカルブ         │
│                         │
└─────────────────────────┘
```

う～ん
農薬はどんどん開発されているし、今後もっと増えていくのかなぁ？

用語解説

①**加水分解**：有機物が水の作用によって分解される反応。分解されるのはエステル類などの一部の化合物に限られる。

②**脱塩水**：溶けている塩類の大部分を除去した精製水のこと。イオン交換法や電気透析法、逆浸透膜法などによって得られる。蒸留水とは一般的に区別されている。

③**促進酸化処理法**：オゾン、紫外線、過酸化水素、超音波、電子ビームなどの組み合わせによりヒドロキシルラジカル（HO・）を生成し、その強力な酸化力により水中の難分解性有機物を酸化分解する水処理技術の総称。ヒドロキシルラジカルは非常に酸化力が強く、ほとんどの有機物を分解することができる。

5.8 PCB 廃水の処理

PCB（ポリクロロビフェニル）は、絶縁油、熱媒体、感圧紙など、広い分野で使用されてきたが、1972（昭 47）年にその危険性が社会問題となって生産・使用禁止の措置がとられた。その際、PCB を含む製品類は回収され、製造元、電力会社、トランスメーカーなどに保管されることとなった。

PCB 廃水の現状　PCB が生産・使用禁止となってから期間が経過しているため、工場排水などに PCB が含まれている可能性はほとんどなくなっている。また、公共用水域の水質調査でも、10 年以上不検出となっている。

一方、回収・保管された PCB を含む製品類には高濃度 PCB が含有されていることもあり、安全に処理する方法が少ない状況であった。噴霧燃焼による高温熱分解で実施されていたこともあるが、ダイオキシン類が発生する可能性があるとの指摘もあり、高温熱分解法は現在行われていない。

これに対し、処理作業や環境への安全性という観点から、高温熱分解に代わる処理技術が環境庁（現環境省）専門検討委員会で検討され、脱塩素化分解法、水熱酸化分解法、還元熱化学分解法、光分解法、プラズマ分解法が評価・認定された。現在は、これらの処理方法によって、PCB を含む製品類の処理が本格化している。

脱塩素化分解法　PCB 分子を構成している塩素とアルカリ剤等を反応させて PCB の塩素を水素等に置き換える方法。

水熱酸化分解法　**超臨界水**や超臨界状態に近い水によって、PCB を塩類、水、二酸化炭素に分解する方法（図 5.8）。

還元熱化学分解法　還元雰囲気条件の熱化学反応によって、PCB を塩類、燃料ガスに分解する方法。

光分解法　紫外線を照射することで、PCB 分子を構成している塩素を取り、PCB を分解する方法。

プラズマ分解法 アルゴンガス等のプラズマ（気体分子が高度に電離した状態）によって、PCBを二酸化炭素、塩化水素等に分解する方法。

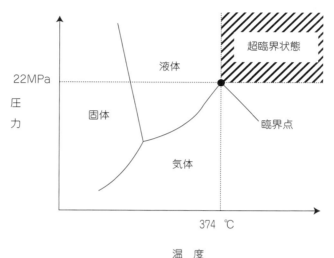

図5.8　水の状態の概念図

用語解説

①**超臨界**：温度と圧力を高くすると、物質は気体・液体・固体のいずれにも該当しない第四の状態となる。これが超臨界状態である。"臨界点"は超臨界状態となる温度・圧力の境界をいい、これは化合物によって異なり、例えば水であれば374℃、22MPaである。

5.9 有機塩素化合物・ベンゼン廃水の処理

　有機塩素化合物は、不燃性であり、爆発や引火の危険性がなく、浸透性に優れ、かつ揮発しやすいなど、数々の特徴を持つことから、多くの分野で種々のものが使用されてきた。現在は9種類の有機塩素化合物が有害物質として指定されている。ベンゼンは溶媒や化学原料として幅広い用途があるが、発ガン性があり、白血病の原因となる。

排出源　有機塩素化合物は機械部品製造業、金属加工業、有機合成化学、電子産業、クリーニング業など広い分野で使用されているため、様々な排水に含まれている可能性がある。ベンゼンは化学工業において広く使用され、化学工場廃水に含まれている場合がある。

曝気処理法　有機塩素化合物やベンゼンは揮発性が高い。そのため、有機塩素化合物やベンゼンを含む排水を曝気すると、これらは空気中に揮散する。このようにして処理するのが曝気処理法である。ただし、曝気した空気が大気にそのまま放出されることは好ましくなく、さらにトリクロロエチレン、テトラクロロエチレン、ベンゼンを大気中に放出することは、大気汚染防止法で制限されている。したがって、曝気したガスを集め、ガス中の有機塩素化合物やベンゼンを、活性炭吸着や直接燃焼、触媒燃焼などによって処理することが必要である。

活性炭処理法　有機塩素化合物は、比較的活性炭に吸着されやすい性質を持つため、活性炭処理も適用される。ただし、ベンゼンに対しては、活性炭吸着法の効果は低い。

その他　その他の処理法として、酸化分解法、生物分解法が検討されている。酸化分解法として、有機塩素化合物は過マンガン酸塩を用いて分解できることが報告されている。

　ベンゼンは、生物分解が容易であり、生物処理を行うことによって効率よく処理することができる。有機塩素化合物の生物処理については、有機塩素化合物に汚染された土壌や海洋の底土を有機塩素化合物分解能力を持つ菌を利用して浄化するバイオレメディエーションが代表的な方法である。

第 5 章　有害物質の処理技術

> 用語解説

① **バイオレメディエーション（bioremediation）**：微生物や植物、酵素等を用い、有害物質で汚染された自然環境を浄化する処理方法。有機塩素化合物による工場汚染の微生物による浄化、重油汚染地への窒素や硫黄肥料の施用による微生物の重油分解促進、処理などがある。

5.10 ふっ素・ほう素廃水の処理

ふっ素は主として工業原料として用いられ、代替フロン、あるいはテフロンに代表されるふっ素樹脂の原料などに利用されており、過度の摂取で毒性を示す。ほう素はガラス原料や防腐剤、医薬品原料として用いられる。動植物の必須元素のひとつであるが、ゴキブリ駆除に用いられるホウ酸ダンゴに代表されるように、過剰に摂取すると毒性がある。

環境中の濃度 　ふっ素・ほう素とも自然環境中に存在するものであり、その濃度は**表5.10**に示す程度である。元来海水に含まれる成分であり、表5.1に示したように、水質汚濁防止法でも海域以外への排出と海域への排出で異なる排水基準が設定されている。

凝集沈殿法 　ふっ素はカルシウムと難溶性塩を生成するため、ふっ素含有排水にカルシウム塩を添加することでふっ素を除去することができる。ただし、この方法ではフッ化カルシウムの溶解度であるふっ素 8 mg/L 以下に処理することは困難であるため、さらに濃度を下げる場合はアルミニウム塩やマグネシウム塩を用いた共沈法、あるいは吸着法などが必要になる。

ほう素は各種金属と難溶性塩を生成しにくいため、アルミニウム塩と水酸化カルシウムを併用した凝集沈殿法以外はほとんど除去効果がない。

吸着法 　ふっ素の吸着法としては、活性アルミナを用いた方法や、イオン交換を原理とする吸着樹脂を用いた方法がある。ただし、活性アルミナは吸着剤の繰り返し再生による劣化が激しいなどの課題があり、現在ではあまり適用されない。吸着樹脂としては、ふっ素に対して特異的な選択性を有するものが用いられることが多い。

ほう素についても、ふっ素と同様にほう素に対して選択性を高めたイオン交換樹脂が適用される。ほう素は通常のイオン交換樹脂では選択順位が低いため、選択的に除去することができず、吸着容量が低く現実的ではない。

なお、吸着樹脂は通常再生して繰り返し使用する。再生の際に発生する廃液の処理にも留意する必要がある。

表 5.10　ふっ素・ほう素の自然界での濃度

	海水中	淡水中
ふっ素	1.2〜1.4mg/L	0.1〜0.2mg/L
ほう素	4〜5mg/L	0.01〜0.2mg/L

5.11 アンモニア・アンモニア化合物・亜硝酸化合物・硝酸化合物廃水の処理

アンモニアやその化合物、亜硝酸化合物・硝酸化合物は、自然界における窒素循環を形成するものである。空気の約 80 % を占める窒素は土壌内などで微生物の働きによって硝酸化合物となり、生物に取り込まれてアミノ酸やたんぱく質の原料となる。アミノ酸やたんぱく質は、微生物の働きによってアンモニアやその化合物に分解され、さらにこれが再び亜硝酸化合物や硝酸化合物になるとともに、別途微生物の働きで窒素ガスとして大気に戻る。

硝酸化合物が人の体内に取り込まれると、硝酸化合物は体内の硝酸還元菌の作用によって亜硝酸化合物に還元される。亜硝酸化合物は血液中の赤血球と結合してメトヘモグロビン血症（**チアノーゼ**を起こす代表的疾患のひとつ）の原因となる。人が硝酸化合物濃度の高い水を摂取した場合にこのようなリスクがあることから、飲用水（水道原水）の硝酸化合物濃度を低く保持することを目的として、排水基準が設定された。

生物処理法　これら窒素化合物の廃水処理としては、一般的に生物処理法が適用される場合が多い。生物処理については第 4 章に記載しているので参照されたい。

アンモニアストリッピング法　高濃度のアンモニア含有廃水を対象とする場合に適用される方法で、廃水の pH を高くし、曝気などによって水中からアンモニアをガス状にして分離する方法である。分離されたガス状のアンモニアは、酸性溶液に吸収させてアンモニウム塩として回収するか、あるいは触媒による燃焼処理を行う。

不連続点塩素処理　低濃度のアンモニア含有廃水を対象とする場合に適用される方法で、塩素によるアンモニアの酸化を行う方法である。アンモニアを含有する廃水に塩素を添加すると、アンモニアと塩素が反応して**クロラミン**が生成する。さらに塩素を添加すると、クロラミンと塩素が反応して窒素ガスとなる。

その他　高温高圧条件下、高濃度アンモニア廃水に空気を吹き込み、触媒の働きによりアンモニアを酸化還元処理する方法もある。また、低濃度の窒素含有廃水を処理する場合には、ゼオライトやイオン交換樹脂を用いた吸着法も適用される。

第 5 章　有害物質の処理技術

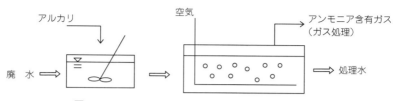

図 5.11.1　アンモニアストリッピング法概念図

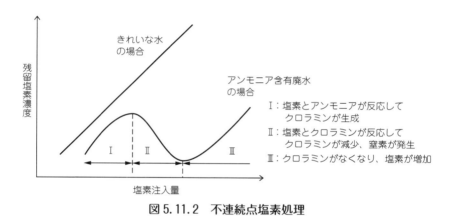

図 5.11.2　不連続点塩素処理

Ⅰ：塩素とアンモニアが反応して
　　クロラミンが生成
Ⅱ：塩素とクロラミンが反応して
　　クロラミンが減少、窒素が発生
Ⅲ：クロラミンがなくなり、塩素が増加

用語解説

①**チアノーゼ**：皮膚や粘膜が青紫色になる状態のこと。一般に、血液中の酸素濃度が低下した際に発現する。

②**クロラミン**：結合塩素ともいい、モノクロラミン（NH_2Cl）、ジクロラミン（$NHCl_2$）、トリクロラミン（NCl_3）の 3 種類がある。消毒効果がある。

第6章

下水処理設備の概要
～第4のライフライン～

6.1 下水道の状況
6.2 下水道の体系
6.3 下水道の施策
6.4 下水の処理
6.5 下水高度処理
6.6 下水汚泥処理
6.7 今後の下水道

6.1 下水道の状況

　日本では古来より、し尿を貴重な肥料として有効利用してきたため、し尿が河川等の汚染源となることは比較的少なく、現在のように下水道の必要性が強く認識されることはなかった。明治時代に入ると、都市化の進展に伴う人口の集中と化学肥料の普及で、し尿の処分に苦労する地域が続出し、社会問題となり始めた。1900（明33）年に**下水道法**が制定され、大正、昭和期に入り下水道普及の気運は一気に高まったが、その後、戦争の影響により下水道整備は停滞することになる。

　昭和30年代の高度経済成長は、水質汚濁や市街地の浸水など、深刻な環境問題をもたらした。そこで1958（昭33）年に下水道法の大幅な改正が行われたのを皮切りに、水質保全法、工場排水法等が制定され、多くの水域の水質基準が定められた。その後、主として都市環境の改善に向けての下水道整備が行われ、法体系の整備や事業の急速な発展が図られた結果、下水道の普及率は平成26年3月31日現在77.0%（福島県を除く）を達成するに至った（**図6.1**）。

　下水道の役割は、汚水及び雨水を排除または処理・処分して快適な環境を維持することで、主要なものは次の4点である。

汚水の排除　汚水が住宅周辺に滞留すると、悪臭や蚊・蠅などが発生し、伝染病発生の可能性も増大する。下水道整備を行い、汚水を速やかに排除することで、これら弊害の解消、周辺環境の向上につながる。

浸水被害の防止　わが国の年間平均降水量は、世界の平均降水量の約2倍であり、常に浸水の危険にさらされている。雨水を速やかに排除し、浸水の防止を図ることは、下水道整備の重要な目的の一つである。

水質保全　近年の水質汚濁の状況は、全般的には、改善の傾向が見られるものの、閉鎖性水域では、環境基準への適合が遅れている水域も多い。このような状況を改善するために、排水規制の強化と共に、下水道整備が重要となる。

下水道施設及び資源としての有効利用　下水処理水を修景用水やトイレ用水として有効利用したり、処理場の上部をスポーツ施設として利用している。下水道管の中に光ファイバーケーブルを通して通信等に利用する等、様々な有効利用が図られている。

　なお、下水道の有する水、汚泥、熱などの資源・エネルギーを再利用するこ

とは、地球温暖化防止、省エネ・資源循環社会に大きな役割を果たすことから、これらの推進が積極的に進められている。

図6.1 下水道普及率 ＜文献 6-1＞

用語解説

① **下水道法**：下水道の整備を図り、都市の健全な発達と公共用水域の保全を目的として制定された法律。1900（明33）年に制定され、1958（昭33）年に全面改正された。

6.2 下水道の体系

　下水道施設は、下水管、**ポンプ場**、処理場から構成されている。生活排水や工場排水は、汚水ますに流れ込み、下水管・ポンプ場を経て処理場へ流入し、処理された後、公共用水域に放流される。下水の排除方式は、汚水と雨水を別々の管渠で排除する分流式と、同一の管渠で排除する合流式とがある。

　一般に、合流式は分流式と比べ、下水道管渠の建設費が、割安で施工もしやすいため、下水道整備の早かった大都市での採用が多い。しかし、分流式は、大雨で雨水量が増加すると、未処理の希釈された下水が、公共用水域に直接放流され、水質汚濁の原因となることから、現在では、ほとんど分流式が採用されている。

　下水道は、下水道法により、公共下水道、流域下水道、都市下水路の3種類に分けられる（**図6.2**）。

公共下水道　主として、市街地における下水を排除または処理するために、地方公共団体が管理する下水道で、**終末処理場**を有するもの、または流域下水道に接続するものであり、かつ、汚水を排除すべき排水施設の相当部分が暗きょである構造のものをいう。公共下水道はさらに、終末処理場を有する単独公共下水道、流域下水道に流入させる流域関連公共下水道、市街化区域外に設置させる特定環境保全公共下水道、特定の事業者の活動に利用され、その事業者が費用の一部を負担する特定公共下水道に分けられる。

流域下水道　原則として、都道府県が行う事業であり、特に水質保全が必要である重要な水域を対象として、2以上の市町村にわたり、下水道を一体的に整備することが効率的、かつ経済的である場合に実施される根幹的なもので、かつ終末処理場を有するものをいう。

都市下水路　主として、市街地における下水を排除するため設けられるもので、特に、雨水の排除による浸水被害を防止する機能を持っている。

第6章　下水処理設備の概要

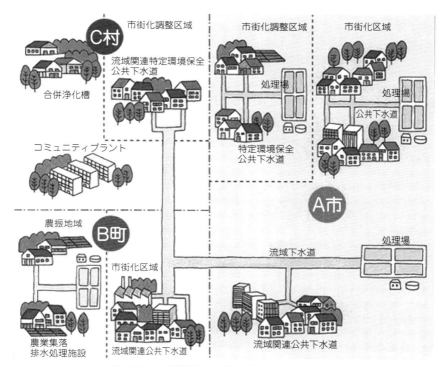

図6.2　下水道および類似施設 <文献 6-2>

──　用語解説　──

①**ポンプ場**：主に汚水を自然流下で下水処理場へ導くことが困難な場合、ポンプで送水を行うための施設である。

②**終末処理場**：下水を最終的に処理して、公共の水域または海域に放流するために設置される処理施設およびこれを補完する施設をいう。

6.3 下水道の施策

下水道の法制度

下水道事業は都市計画の一環として認識されているため、その運営にあたっては下水道法だけでなく都市計画法にも十分留意して実施されなければならない。1900（明33）年に初めて制定された下水道法は、汚水を生活空間から排除すること、すなわち土地の清潔を保つことが主な目的であった。

しかし時代と共に下水道の役割も変化し、現在では水環境保全の一端も担うことから、環境基本法をはじめ公害防止に関する**水質汚濁防止法、廃棄物の処理及び清掃に関する法律**、海洋汚染及び海上災害の防止に関する法律、大気汚染防止法、騒音規制法、振動規制法、悪臭防止法等のいずれの法律についても満足することが必要とされる。

下水道の財政計画

下水道事業の運営するにあたって必要な費用は、建設費と維持管理費とに分けられる。

そもそも下水道は、地方自治体で行うものであり、その費用は、各地方自治体の地方債や一般市町村費などの地方費によって賄われている。しかし、建設に際しては、多額の費用が必要なこと、下水道の緊急な整備が国家的に必要とされることなどから、その一部を国が負担している（国庫補助金）。補助金制度は近年変化しており、社会資本整備総合交付金として、一括して自治体に交付される形となってきている（**表6.3**）。

下水道施設が完成し運用し始めると、施設の維持管理の段階となる。維持管理に必要な費用には、起債元利償還費と維持管理費とがあり、それらは一般会計繰出金（公費）と下水道使用料（私費）が主な財源となっている。

例えば、2006（平18）年度の下水道事業の建設費は2兆1 524億円で、そのうち、国費は7 353億円で、ピーク時の7割程度に減少している。

第6章 下水処理設備の概要

表 6.3 主な国庫補助金 <文献 6-3>

区分			国庫補助金	地方負担	左のうち地方債
公共下水道	管渠等	補助	1/2	1/2	10/10*1
		単独	—	10/10	10/10*1
	終末処理施設	補助	5.5/10	4.5/10	10/10*1
		単独	—	10/10	10/10*1
流域下水道	管渠等	補助	1/2	1/2	10/10*2
		単独	—	10/10	10/10*2
	終末処理施設	補助	2/3	1/3	10/10*2
		単独	—	10/10	10/10*2
特定環境保全公共下水道	管渠等	補助	1/2	1/2	10/10*3
		単独	—	10/10	10/10*3
	終末処理施設	補助	5.5/10	4.5/10	10/10*3
		単独	—	10/10	10/10*3

*1 ただし、受益者負担金については控除財源となっている。
*2 ただし、市町村建設費負担金については控除財源となっている。
*3 ただし、分担金については控除財源となっている。

用語解説

①**水質汚濁防止法**：公共用水域の水質汚濁を防止することを目的とした法律であり、排出水の水質規制を行っている。

②**廃棄物の処理及び清掃に関する法律**：一般廃棄物及び産業廃棄物の処理処分法その他必要な事項を定め、生活環境の保全を図ることを目的とする法律。

6.4 下水の処理

　下水の処理方法は、求められる処理レベル、除去対象物質の種類等に応じ分類される。物理化学的作用や生物的作用を利用した処理法を組み合わせた、前処理、一次処理、二次処理及び高度処理と呼ばれる処理法で構成される（**表6.4**）。

前処理　処理施設の維持、運転上問題を引き起こす恐れのある成分を除去する。機器の摩耗やポンプなどの閉塞の原因になりやすい木片やぼろぎれなどの粗い浮上固形物を除去するスクリーニング処理、砂などを除去する除砂処理、粗大な浮遊物をせん断する破砕処理がこれにあたる。ここで除去されたし渣、砂等は洗浄・脱水等の処理を行い処分される。また、必要に応じて破砕機等の処理設備を設置する場合もある。

一次処理　前処理で除去できなかった微細な固形物を物理的に沈殿、浮上させて分離除去を行う。有機性の固形物を除去することで一部有機物（BOD）の除去も行えるため、二次処理への負荷を低減させる効果もある。下水処理においては、重力式の沈殿処理を行う最初沈殿池設備がこれにあたる。ここでは、一定以上の水面積負荷と沈殿時間を設定することで固形物質を沈殿分離し、掻き寄せ機によって沈殿物を集め、汚泥として引き抜き処理を行う。

二次処理　一次処理を行った後、主に生物分解可能なコロイド状の有機物や溶解性の有機物の除去を行う。この処理は、主に微生物の働きを利用した**標準活性汚泥法**や**オキシデーションディッチ法**により行われる。活性汚泥は、細菌類、原生動物等の微生物のほかに非生物性の無機物や有機物によって構成される。この活性汚泥と汚水の混合液に酸素を供給し処理することで、有機物が吸着、酸化分解、同化作用により除去される（**図6.4**）。さらに後段の重力式の最終沈殿池設備で固液分離を行った後、塩素剤や紫外線により消毒処理後、放流される。

高度処理　高度処理の除去対象物質は、浮遊物質、有機物、栄養塩類他があり、除去対象物質に対して種々の処理方式がある。

表6.4　下水処理施設の構成＜文献 6-4＞

	一次処理 →		二次処理 →	消毒処理
施設の機能	浮遊物除去	有機物の酸化分解 微生物の細胞合成	活性汚泥、はく離生物膜などの除去	病原菌の殺菌
該当する 処理施設	スクリーン 沈砂池 最初沈殿池	反応タンク（活性汚泥法） 散水ろ床 オキシデーションディッチ	最終沈殿池	塩素接触タンク 紫外線殺菌タンク

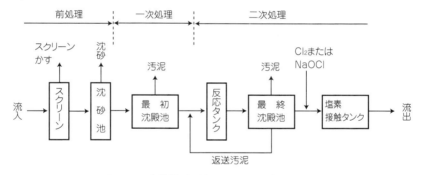

図6.4　活性汚泥法による下水処理工程

用語解説

①**標準活性汚泥法**：活性汚泥と呼ぶ微生物集団を利用して汚水を処理する方法。下水と活性汚泥混合液を曝気することで、下水中の有機物が吸着、酸化、同化され、最終沈殿池で固液分離される。

②**オキシデーションディッチ法**：無終端水路（ディッチ）内で、下水をローターにより循環させながら機械式の曝気を行い、基本的には活性汚泥の力で処理を行う。比較的小規模な下水処理場で用いられる。

6.5 下水高度処理

　一般的に、現在、下水の処理方式として広く用いられている標準活性汚泥法に代表される「二次処理」に対し、それ以上の処理水質が求められる場合に対応できる処理法が「高度処理」として位置づけられる。

　この高度処理導入の主目的は、水質環境基準の達成、湖沼などの**富栄養化**の防止や下水処理水の再利用などであり、浮遊物質（SS）、有機物（BOD）および、窒素、リンなどが主な除去対象物質である（**表6.5**）。

BOD、SS除去

　都市域の河川水に占める下水処理水の割合が非常に大きくなり、二次処理のみでは、水質環境基準の達成が困難となる場合や、処理水の再利用の場合、BOD、SSを対象とした高度処理が必要となる。

　SSを除去するため最も一般的な方法は、砂やアンスラサイトのろ材で、二次処理水をろ過処理する急速ろ過法であり、近年は移床式のろ過器が全国に普及しつつある（**図6.5**）。

　BODについては、SSの除去と同時に、SS性BOD成分の除去が期待できる。

窒素、リン除去

　閉鎖性水域の湖沼や内湾の富栄養化現象による水質汚濁は、窒素、リンなどの栄養塩類の蓄積によって発生すると考えられている。

　窒素の除去法については、生物学的なものが中心となり、循環式硝化脱窒法や嫌気－無酸素－好気法、原水を分割流入させるステップ流入式好気活性汚泥法などが実用化されている。

　一方、リンについては、嫌気・好気活性汚泥法や、窒素との同時除去を目的とした嫌気・無酸素・好気法等の生物学的方法と、凝集剤を添加してリンを不溶化させ沈殿除去させる凝集沈殿法およびカルシウムやマグネシウムの添加により難溶性のリン酸塩を生成させ、除去させる晶析脱リン法などの物理化学的方法がある。

　この分野においては、窒素・リン資源の回収も考慮に入れた高度処理技術の開発が進められている。

第 6 章　下水処理設備の概要

表 6.5　高度処理の目的と除去対象物質及び除去プロセス＜文献 6-5＞

目　的	除去対象項目		関連水質項目	除　去　プ　ロ　セ　ス
環境基準維持達成	有機物	浮遊性	SS、VSS	急速ろ過、マイクロストレーナー、凝集沈殿、硅藻土ろ過、長毛ろ過、限外ろ過、スクリーン、精密ろ過
		溶解性	BOD_5、COD_{Mn}、COD_{Cr}、TOC、TOD、UV 吸光度	活性炭吸着、凝集沈殿、オゾン酸化、接触酸化※、逆浸透
富栄養化の防止	栄養塩類	窒素	T-N、K-N、NH_4-N、NO_2-N、NO_3-N	アンモニアストリッピング、選択的イオン交換、不連続点塩素処理、生物学的硝化脱窒法※
				生物学的脱窒脱リン法※ 凝集剤添加硝化脱窒法※
		リン	PO_4-P、T-P	凝集沈殿、凝集剤添加活性汚泥法、生物学的リン除去※、晶析脱リン、吸着・イオン交換
再利用	微量成分	溶解塩類	TDS、電導度 Na、Ca、Cl、Cd イオンなど	逆浸透、電気透析、イオン交換
		微生物	細菌、ウィルス	滅菌・消毒（Cl ガス、NaOCl、オゾン、紫外線）膜処理

（注）※印：生物学的処理プロセス

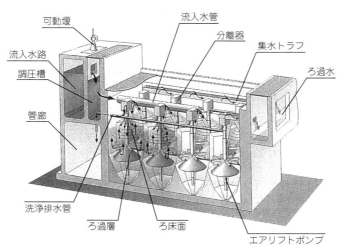

図 6.5　大規模施設用の高速砂ろ過装置の構造図
（マルチモジュールタイプ）

用語解説

①**富栄養化現象**：内湾、湖沼等の閉鎖性水域に、窒素やリン等の栄養塩類が流入し、その水域の栄養塩類が豊富になり、生物生産が盛んになる現象（赤潮やアオコ）をいう。

6.6 下水汚泥処理

　下水処理プロセスから発生する汚泥は、最初沈殿池から引き抜かれる初沈汚泥と最終沈殿池から引き抜かれる余剰汚泥からなり、減量化および安定化・無害化処理の後、最終的に埋立による処分や、緑農地利用・建設資材化への再利用が行われている（**図6.6**）。

下水汚泥の種類と性状
　下水汚泥は、分解腐敗性が強く、臭気を発生するので、無処理で投棄すれば、衛生上問題となり、河川などに放流すれば、水環境汚染を引き起こす。化学的性状は、排除方式や流入水質、処理方法に多分の影響を受け、一般に、最初沈殿池由来の汚泥は、デンプン・セルロース等の炭水化物成分が主体であるのに対し、最終沈殿池由来の汚泥は、蛋白成分を多く含む。

下水汚泥の処理、処分
　下水汚泥は、含水率98〜99％で、重力濃縮や**機械濃縮**（ベルト、ドラム濃縮、遠心濃縮機）などの方法を用いて、含水率96〜97％に減量化され、遠心脱水機、スクリュープレスや回転加圧脱水機などにより、含水率70〜80％に脱水される。続いて焼却処理等を行うことにより、さらに減量化が図られる。

　下水中の有機物は、水処理の過程で活性汚泥に摂取され、一部分は酸化されるが、大部分は沈殿池より汚泥として引き抜かれる。**嫌気性消化**は、こうした汚泥中の有機物を無機化して減容化させるとともに、細菌類を死滅させ、汚泥の安定化を図るために濃縮工程の後段に設けられる場合がある。

下水汚泥の有効利用
　近年の省エネ・リサイクル意識の向上から、地上や海上に埋立処分されるにとどまらず、様々な利用が行われている。例えば、下水汚泥をコンポスト化して緑農地利用や、焼却灰・溶融スラグのセメント原料やレンガ・路盤材などの建築資材への利用が図られている。また、嫌気性消化の過程で発生する消化ガスは、消化ガス発電システムなどに積極的に利用されている。

　さらに、汚泥を燃料として利用するガス化炉や炭化炉、汚泥焼却発電システムなどが開発され実用化されつつある。

第 6 章　下水処理設備の概要

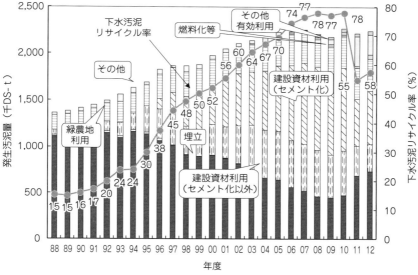

図 6.6　下水汚泥の発生量とリサイクル率の推移 ＜文献 6-6＞

> **用語解説**
> ①**機械濃縮**：加圧浮上や遠心分離機などの物理的作用により、汚泥中の固形物を濃縮する方法をいう。
> ②**嫌気性消化**：嫌気性微生物により、有機物質を分解・ガス化する処理方法。発生ガス（消化ガス）中には、メタンを含有（60〜70%）、ガスエンジンを駆動し、発電を行う消化ガス発電システムの導入が図られている。

6.7　今後の下水道

　市民生活水準の向上とともに、水への関心がいっそう深まり、下水道は電気、ガス、水道などと同じく暮らしに欠かせないライフラインとして、ますますその役割が重要となってきた。とくに下水道は、収集に費用のかからないバイオマス（下水汚泥）や各種資源・エネルギー、再生水の供給施設として期待されている。また、近年の設備の老朽化、大災害による機能停止、地球温暖化問題、国際化などを背景として、以下のような取り組みが進められている。

水・資源・エネルギーの集約・自立・供給拠点化

　下水処理施設で発生する汚泥はバイオマスとされ、カーボンニュートラルな資源として注目されている。また、下水処理場からは再生水、栄養塩類、下水熱も取り出して周辺地域に供給することが可能である。

　今後は下水処理における有機物、栄養塩類を除去対象物質でなく資源としてとらえ、他のバイオマスも集約し、下水処理場に**図6.7**をはじめとする各種の技術を適用し、水・資源・エネルギーの集約・自立・供給拠点化する。

アセットマネジメントの確立

　下水道事業は下水管、ポンプ場、処理場と多くの資産を有しているが、これらの老朽化が進んでいる。これら施設の再構築・修繕等を含めた下水道事業費の平準化、過剰・過小なメンテナンスを回避する管理の最適化、熟練技術者の経験・ノウハウの一部の代替など、有効に活用する手法を確立し、持続性のある事業を展開していく方策を確立する。

非常時のクライシスマネジメントの確立

　東日本大震災時にもあったように、大規模災害（地震、津波、異常豪雨など）の発生時はインフラも甚大な被害を受け、市民生活や社会経済活動等へ多大な影響を与えることがある。このような被害を最小限に抑制し、下水道事業を可能な限り継続する手法を確立する。

世界の水と衛生、環境問題解決への貢献

　日本の技術と経験を生かし、諸外国における持続可能な下水道事業の実現に寄与し、世界の水と衛生、環境問題の解決に貢献する。

第 6 章 下水処理設備の概要

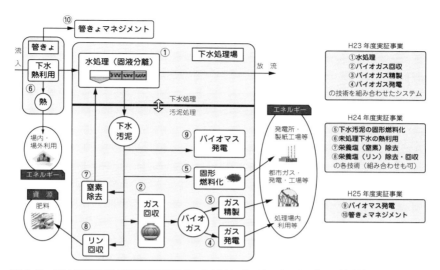

図 6.7 下水道革新的技術実証事業(B-DASH プロジェクト)の概要(全体)＜文献 6-7＞

用語解説

①**アセットマネジメント**：資産（アセット）を効率よく運用する（マネジメント）という意味。「下水道」を資産として捉え、下水道施設の状態を客観的に把握、評価し、中長期的な資産の状態を予測するとともに、予算制約を考慮して下水道施設を計画的、かつ、効果的に管理する手法のこと。

②**クライシスマネジメント**：「危機」すなわち"組織の事業継続や組織の存続を脅かすような非常事態"に遭遇した際に、被害を最小限に抑えるための組織の対応手段や仕組みのこと。下水道では、非常時の危機管理行動のみならず、これらの行動を決定する上で重要な要素となるハード対策を含めた概念として用いる。

第7章

汚 泥 処 理
~よみがえる不死鳥~

7.1 汚泥処理の状況と目的
7.2 濃　縮
7.3 消　化
7.4 脱　水
7.5 コンポスト
7.6 燃料化
7.7 返流水対策

7.1 汚泥処理の状況と目的

　水処理設備から発生する汚泥の処理処分については「廃棄物の処理及び清掃に関する法律」「下水道法」等に規定されているが、いずれにせよ適切な中間処理を経て最終処分されるか有効利用されることになる。

　有機性汚泥の代表格である下水汚泥について、平成22年度の最終処分方法を見てみると、**表**7.1のように固形物基準で、全発生量227万**DS-ton**／年のうち約21％が埋立処分、約78％が有効利用されている。地域や地球環境の保全、最終処分場の残余年数に制限があることや循環型社会の構築の観点から、汚泥処理の主な目的は以下のように集約できる。

安定・無害化　水処理設備から発生する汚泥は、有機物を多く含んでいる。そのまま放置すると、腐敗し悪臭を発生するばかりか、病原菌等を繁殖させる原因となる。汚泥を消化、堆肥化、乾燥もしくは焼却し、それらの対策を施すものである。

減量・減容化　図7.1のように汚泥濃度3％の汚泥を**含水率**80％に脱水すると重量で約1／7まで減量化され、容積で約1／5まで減容化される。減量・減容化によって汚泥の運搬の効率化や、中間処理施設のダウンサイジング、最終処分場の延命化に寄与できる。さらに推進する場合は、乾燥、焼却もしくは溶融等の熱操作が採用される。

資源化・有効利用　汚泥を単なる廃棄物として扱うのではなく資源として捉え、建設資材の原材料やエネルギー源として利用している。汚泥中の有機物は、コンポストとして緑農地利用が最も多く、無機物は路盤材、路床材、ブロック、レンガ等のほか、セメント原料としての利用などが進んできている。また汚泥はバイオマス資源であることから、温室効果ガス削減のためのカーボンニュートラルなエネルギー資源として着目されている。エネルギーとしての利用法には、汚泥の燃焼熱を蒸気や高温空気として熱回収する方法、メタンガスや可燃ガスとして回収する方法、あるいは汚泥を乾燥・炭化させて火力発電所等の固形燃料とする方法がある。また汚泥中に多く含まれるリン資源の回収技術も近年実用化され、回収されたリンについては、有価物としての引き取りも行なわれている。

　さらに資源として利用する場合は、需要と供給のバランス、効率的な輸送手段、ストック場所の確保、品質の安定化、歩留まりの向上、流通先や経済的競

第7章 汚泥処理

争力の確保等、様々な要素をクリアする必要がある。また利用形態に即した中間処理システムを構築することも重要である。

表7.1 下水汚泥の処理および処分状況
（汚泥発生時乾燥重量ベース、平成22年度実績）＜文献7-1＞

処理性状＼処理形態	埋立処理	有効利用	その他	合計(%)
脱　水　汚　泥	23.2	154.8	0.1	178.1 (7.9)
焼　却　灰	447.7	1281.8	23.8	1753.3(77.3)
乾　燥　汚　泥	2.1	334.3	0.2	336.6(14.8)
消化・濃縮汚泥	0	0	0	0 (0)
合　計　(%)	473.0(20.9)	1770.9(78.1)	24.1(1.1)	2268.0

注) 焼却灰には溶融スラグを含む
　　乾燥汚泥には堆肥化汚泥を含む、炭化汚泥を含む

（単位：千DS-t）

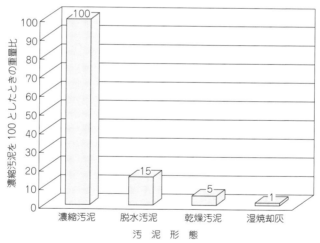

図7.1　汚泥処理による減量効果

用語解説

①**DS（Dry Solids）**：乾燥固形物で、蒸発残留物（TS：Total Solids）や固形物の俗称。

②**含水率**：物質中の水の質量を物質の全質量で割った値を百分率で表したもの。水分と呼ぶこともある。100から含水率を引いたものが固形物、DSである。なお、水の重量を固形物の質量で割ったものの百分率が含水比であり、含水率とは異なる値となる。

7.2 濃　縮

　濃縮は汚泥処理の入口で、後続する脱水や消化、焼却といったプロセスの規模や性能に影響し、分離液の返流により水処理へも影響を与える重要な操作である。

重力濃縮　水処理設備から送られる汚泥を重力沈降させることによって、濃縮するものである。中央に汚泥かき寄せ機を設置した円形槽（図7.2.1）や、チェーンフライトを使った長方形槽がある。重力濃縮槽は比較的高濃度の臭気ガスが発生するので、立地条件や管理上の安全性を考慮して密閉構造とし、臭気ガスを引き抜くなどの対策を必要とする。濃縮時間は半日から2日と長く、容量および設置スペースが大きくなる。

機械濃縮　遠心濃縮や浮上濃縮が多く用いられる。遠心濃縮は、汚泥を高速で回転する容器（ボウル）に入れて、遠心力（1,000〜2,000G）によって汚泥と水に分離するものである（図7.2.2）。ボウルの筒側に濃縮された汚泥をボウル内部のスクリューでかき取り、排出部へ移送し、分離された水は別の排出口から機外へ排出される。臭気対策が容易であるが、高速回転するため、振動・騒音対策を要し、駆動用電力量が大きい。

　一方、浮上濃縮で多く用いられている方式は、加圧浮上である。加圧空気を汚泥と混合し、微細な気泡を汚泥に付着させることで、汚泥を浮上させて水と分離する。浮上濃縮汚泥は上部表面でかき取り、水は下部から引き抜くといった、重力濃縮と逆の分離形態となる。沈降しにくい汚泥や油分が多く含まれる場合、スカムが多く発生するような条件下では特に効果を発揮する。加圧空気のかわりに、気泡助剤を用いて常圧下で気泡を発生させ、高分子凝集剤で気泡と汚泥を吸着させる常圧浮上もある。

　下水汚泥の場合、一般的な含水率は、遠心濃縮が95〜96％、浮上濃縮が96〜97％である。

　近年、高分子凝集剤の改良により、高分子凝集剤を汚泥に混入して凝集汚泥とし、ろ過濃縮するタイプの機械濃縮機が登場している。これまでの濃縮機に比べ低動力で設置スペースの小さいことが特長で、ろ過面の形状は、ドラム型（図7.2.3）やベルト式（図7.2.4）のものがある。濃縮性能は、薬品注入率0.3％/TS程度で、含水率96％以下である。

第 7 章　汚泥処理

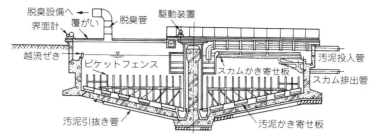

図 7.2.1　重力濃縮槽 ＜文献 7-2＞

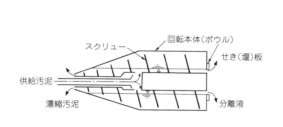

図 7.2.2　遠心濃縮機（デカンタ型）

図 7.2.3　回転ドラム型濃縮機

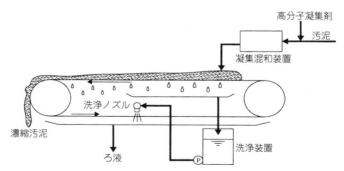

図 7.2.4　ベルト式ろ過濃縮設備

用語解説

①**スカム**：沈殿池や重力濃縮槽などの表面に発生するもので、沈降しない油脂や繊維分、いったん沈降した汚泥が、メタンガスや窒素ガスとともに浮上して集まったもの。

129

7.3 消 化

　消化は好気性消化と嫌気性消化に分けられるが、下水処理やし尿処理では汚泥の安定・無害化、減量化、エネルギー回収を目的に嫌気性消化が多く用いられている。嫌気性消化では約60％のメタンを含有する消化ガス（バイオガスともいう）が得られる。このため近年は地球温暖化防止を目的として、再生可能エネルギーである消化ガスの有効利用法が注目されており、消化ガス発電や精製ガスのガス導管注入等が検討、導入されている。

嫌気性消化　無酸素状態で活動する通性および絶対嫌気性細菌によって、汚泥中の有機物を分解し、最終的にはメタン、二酸化炭素等を生成する。メタン発酵法ともいう。発酵プロセスは酸生成相と、メタン生成相に大別できる。酸生成相では酸生成細菌によって、まず汚泥中のたん白質、脂肪、炭水化物等の高分子有機物をアミノ酸や糖類等に分解、可溶化した後、有機酸発酵によって酢酸、プロピオン酸、酪酸、吉草酸、乳酸等の有機酸類や水素、二酸化炭素等に分解する。メタン生成相ではメタン生成細菌によって酢酸や水素からメタンが生成される。

消化温度　消化温度によって中温消化（30～40℃）と高温消化（50～60℃）に分けられる。従来の下水処理では、加温熱量が少ない中温消化が用いられてきたが、汚泥の機械濃縮機の普及により、汚泥の高濃度化が容易となったので、効率化および省スペース化を目的に高温消化を用いるケースが増加しつつある。

消化槽の形状　消化槽の形状には、円筒形、卵形、亀甲形などがある。特に卵形は、容積あたりの表面積が最も少ないため放熱量が小さく、汚泥撹拌効率も高く高濃度消化に適していると言われている。

加温方式　加温方式には蒸気吹込みによる直接加温方式と、熱交換器による間接加温方式があるが、現在は後者が主流である。いずれも発生する消化ガスをボイラーの燃料に使用し加温用熱源としている。

混合消化　既存の消化槽に、生ごみ等のその他のバイオマスを受け入れ、混合消化を行う取り組みが始まっている。混合消化により消化ガス発生量が増加するため、発電量によりCO_2排出量のさらなる削減効果が期待される（**図7.3**）。

付帯設備 消化ガス発電を行う場合は、**脱硫装置**、**ガスホルダ**、余剰ガス燃焼装置に加えて、**シロキサン除去装置**、**ガスエンジン**等が必要である。

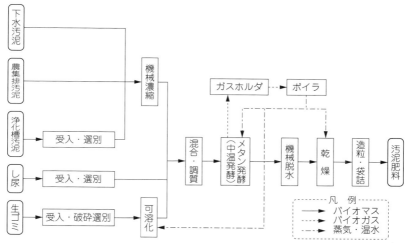

図7.3 混合消化施設の処理フロー＜文献 7-3＞

用語解説

①**脱硫装置**：消化ガス中には数百ppmの硫化水素が含まれている。硫化水素は有毒で、燃焼すると腐食性の強いガスが発生するため、消化ガスは一般に脱硫処理する。脱硫処理には水洗浄による湿式脱硫、酸化鉄に接触させる乾式脱硫および微生物の働きを利用した生物脱硫等がある。下水処理場では二次処理水を利用できるため湿式脱硫が主流である。

②**ガスホルダ**：消化ガスは汚泥投入などの操作に伴って発生量やガス組成が変動するため、その変動を抑えるためにガスホルダを設置する。貯留容量は半日分以上とされている。

③**シロキサン除去装置**：消化ガス中には数十ppm程度含まれるシロキサンの除去装置。シロキサンはシャンプーやリンス等に多く含まれるシリコンに由来する揮発性化合物で、ガスエンジンの点火プラグ等に付着し故障の原因となるので活性炭吸着処理を行う。

④**ガスエンジン**：消化ガス等を燃料に駆動するエンジンで、出力は20kW前後〜数千kW、発電効率は20〜45％程度である。排気ガスや冷却水から熱回収を行い、汚泥や消化槽の加温等に用いることで熱効率を高めることができる。

7.4 脱　水

　脱水は、汚泥処理のメイン操作であり、特に減量・減容化に威力を発揮する。脱水方式には遠心分離法とろ過式があり、ろ過式にはスクリュープレス、ベルトプレス、回転加圧脱水機、フィルタープレス等がある。汚泥には水との親和力が高い有機物が多量に含まれているため、そのまま固液分離するのは困難である。したがって、いずれの機種においても汚泥に凝集剤を添加して汚泥中の微粒子を結合させて固液分離しやすいフロックを生成させる必要がある。凝集剤には高分子凝集剤、無機凝集剤があり、汚泥性状、脱水機機種によって最適なものを選定し最適量を添加する。

遠心脱水機　原理は遠心濃縮機と同様であるが、遠心濃縮機の遠心効果が1 000〜2 000 G であるのに対し、遠心脱水機は1 500〜3 000 G と高い。特徴は次のとおり。

　①大処理量の機種があり、省スペース化が図れる。②騒音、振動対策を要する。③駆動用電力が大きい。④常時洗浄する必要がない。⑤汚泥中の砂分等にスクリューの向上補修が必要である。

　CO_2 排出量の観点から消費電力が低い機種が望まれるため、採用数が減少している（**図 7.4.1**）。

ベルトプレス　多数のロールに二枚のろ布を組み込み、ろ布を走行させるものである。凝集した汚泥は、下ろ布によって重力ろ過を受けたのち、ロール部で圧搾脱水され、最後にスクレーパーよって、ろ布から剥離する。ろ布の目詰まりを防止するため、常時ろ布を洗浄する必要がある。特徴は次のとおりである。

　①常時洗浄するため、多量の洗浄水が必要でろ液も多い。②臭気対策を行う場合は、本体全体を防臭カバーで囲む必要がある。③定期的にろ布を交換する必要がある。

　以上の点から採用数が減少している（**図 7.4.2**）。

スクリュープレス　円筒状のスクリーンと円錐状のスクリューとの間にろ室を設け、汚泥がスクリューで搬送される過程でスクリーンによりろ過される。また出口の背圧板により圧搾力が加わることにより、さらに脱水され、脱水された汚泥はスクリーンと背圧板との間隙から排出される。特徴は次のとおりである。

①スクリューは低速回転のため低動力である。②スクリーンを常時洗浄する必要がないため洗浄水量が少ない。③スクリューが低速回転のため磨耗が少なく、補修費が低い。④生物処理から発生する余剰汚泥など繊維分の少ない汚泥の場合、ろ液SSが高くなる場合がある（**図7.4.3**）。

スクリュープレスには、ろ過面をスクリーンの代わりに薄板を重ね合わせた多重板型がある。多重板型スクリュープレスは目詰まりが少なく、重力ろ過能力が高いため、生物反応槽汚泥など低濃度汚泥を直接脱水できることから、小規模施設で採用されている。

その他の脱水機 ろ過式の一種であるロータリープレスはその形状からコンパクトで本体を増設できるメリットがある。フィルタープレスは構造が複雑で本体サイズが大きく、定期的なろ布交換が必要といった面から使用実績が減ってきているが、脱水汚泥をコンポストにする場合など低水分を得る場合には使用されることがある。また、複数の小規模処理場を1台の移動脱水車で脱水するという実施例もある。

さらに、近年は高分子凝集剤と無機凝集剤を併用することで、従来よりも含水率を7～10ポイント低減できる脱水機も実用化されている。

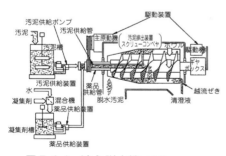

図7.4.1　遠心脱水機＜文献 7-4＞

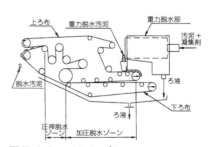

図7.4.2　ベルトプレス＜文献 7-4＞

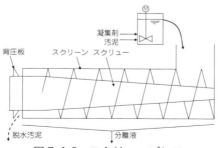

図7.4.3　スクリュープレス

7.5 コンポスト

コンポスト（堆肥化）は、汚泥を好気性発酵し、分解しやすい有機物を緑農地利用に適した安定した性状にするとともに、発酵熱によって病原菌や寄生虫、雑草種子類等を死滅させ、衛生的かつ安全なものにするものである。

堆肥化装置の形式

堆肥化装置の形式は以下の4タイプに分けられる。

①堆積形：汚泥を野積み状態にして発酵する。通気方法によって、自然通気式と強制通気式がある。

②横形：撹拌方法によって、スクープ式、オーガ式、パドル式、円形オーガ式、ショベル式等がある。一般的に、いずれも強制通気式である。

③立形：撹拌方法によって、多段パドル回転式、サイロ式、多段アーム式、多段移動床式、片面落し戸式、両面落し戸式等がある。これらも一般的に強制通気式である。

④静置式：コンテナやフレコンバック内に汚泥を入れて強制通気するもので、撹拌せず静置する方式。

最近は、用地の確保が困難であることや、制御性の良さから、②③④の機械式で強制通気を行い、臭気対策や熱効率の向上の点から密閉式が多く採用されている。形式選定においては、設置スペース、経済性、制御性、運転管理の容易さ、安定性等と併せて、臭気対策、閉塞時の対処方法等を勘案して決定する。一例として**図 7.5**にコンテナ式コンポストシステムの設備構成を示す。

前調整

汚泥の性状によっては前調整が不要な場合もあるが、通気性の確保、適正な含水率、圧密による閉塞の防止等、堆肥化性能を発揮するために重要である。大別して以下の三通りがあり、汚泥性状によっては併用する場合がある。

①乾燥方式：汚泥の一部を乾燥し、発酵に適した含水率（汚泥の場合、50〜65%）にするもの。したがって、乾燥機との組み合せとなる。

②副資材混合方式：ウッドチップ、オガクズ等の副資材を原料汚泥と混合して、通気性の確保及び適正水分に調整するもの。副資材を常時確保できることが必須となる。製品汚泥の利用先で副資材の混入が不都合であれば、ふるいで選別し、副資材を再使用する。

③製品返送方式：製品汚泥の一部を返送し、原料汚泥と混合する方式。通気性を確保する点では、製品汚泥の粒子サイズや固さが混合に適したもので

第7章　汚泥処理

ある必要がある。汚泥単独ではなく、家畜糞や生ごみと混合して堆肥化することによって、含有成分、発酵速度等を改善することも検討に値する。

発酵日数　一次発酵は7～14日、二次発酵は自然通気で30～60日、強制通気で20～30日を要する。

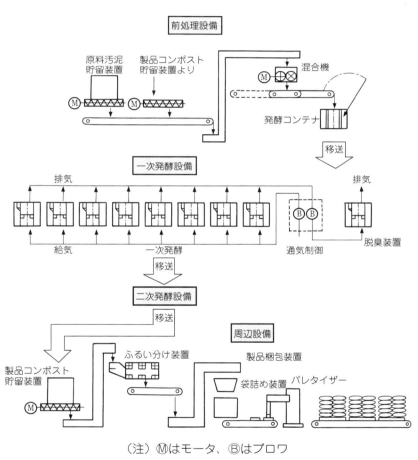

（注）Ⓜはモータ、Ⓑはブロワ
図7.5　コンテナ式コンポストシステム設備構成

7.6 燃料化

7.1項で述べたように、汚泥はバイオマスであるため、カーボンニュートラルなエネルギー資源としての利用が進んでいる。このうち汚泥を固形燃料として用いる場合、エネルギー的な価値を出すため、乾燥・炭化等の処理が行われる。またオンサイトでガス化する方法も実用化されている。

乾 燥　乾燥は、汚泥に熱を与えて水分を蒸発させる操作であり、乾燥汚泥は水分が低下することで汚泥自身の発熱量が高くなり、燃料として火力発電所等で石炭等の他の燃料とあわせて使用される。プロセス利用としては、焼却炉や溶融炉の前調湿があり、補助燃料の消費量を低減し、CO_2の発生量を低減できる焼却・溶融システムの構築に寄与できる。さらに緑農地利用も可能である。

熱を与える方式は直接加熱式と間接加熱式に分けられ、熱源の種類や運転方法によって多種多様な形式がある。直接加熱式は乾燥用の熱源と汚泥を直接接触させることで乾燥させるもので、熱風を熱源とするものが多い。装置形式としては回転撹拌式、気流式、流動式が比較的多く採用されている。一方、間接加熱式は熱源を蒸気とするものが多く、熱源と汚泥を乾燥容器を介して間接的に熱伝達を行うものである。

乾燥機採用時の留意事項として、臭気を含む乾燥排ガスが発生するので、臭気対策を行なう必要があることや、熱を利用するため、エネルギー効率の高いシステムとすることなどが挙げられる。また乾燥汚泥自身も臭気発生源であるため、貯留や輸送時の臭気対策も必要となる。

炭 化　炭化物は乾燥汚泥（または脱水汚泥）を、乾燥温度（約120℃）より高い温度で、低酸素雰囲気または無酸素状態で加熱すると、水分および熱分解ガスを放出して得られる。炭化炉の熱源には、主に熱分解ガスの燃焼熱が用いられる。炭化物は固形燃料のほか、緑農地用肥料、脱水助剤などにも利用されるが、このうち固形燃料はカーボンフリーなエネルギー資源であることから、火力発電所の燃料として引取りされている。**図7.6.1**に炭化設備のフロー例を示す。

炭化物の取扱上の留意点として、自己発熱特性を有しているため、発熱特性等を十分理解の上、必要な安全対策を行なわなくてはならない。また炭化物の性状は四季を通じた汚泥性状の変動により変わることがあるので、運転管理に

第 7 章　汚泥処理

注意を払う必要がある。

ガス化　　ガス化は乾燥汚泥を低酸素雰囲気において部分燃焼ガス化させ、生成したガスを精製し、ガス発電設備の燃料とすることにより、高い効率での発電が可能となる。乾燥汚泥を得るための熱源として、発電時の排熱を利用することで、廃熱ロスの少ないシステムとすることができる。さらに発電機を有するため、システム内の電力を賄うことができ、システムによっては売電も可能である。**図7.6.2**にガス化設備のフロー例を示す。

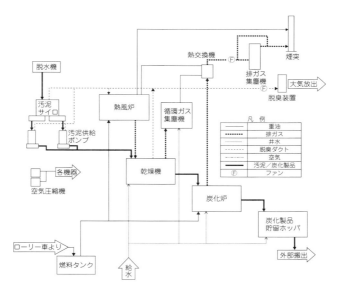

図 7.6.1　炭化設備のフロー例＜文献 7-5＞

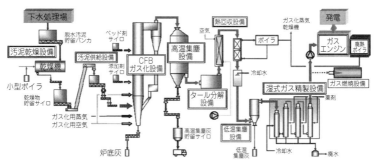

図 7.6.2　ガス化設備のフロー例

7.7 返流水対策

　汚泥を処理する過程で分離水、脱離液、ろ液、洗煙排水等の返流水が発生する。有機性汚泥の返流水には有機物、リン、窒素などが含まれるので直接場外放流できないことがある。濃縮、消化、脱水設備は、通常、水処理設備と同一敷地内に設置されるので、返流水は水処理設備側に返送し、汚水とともに処理される。この返流水が、水処理設備の性能に悪影響を及ぼさないよう、対策を検討する必要がある。

返流水量の抑制　返流水量が多いため水処理設備内で滞留時間が短くなり、処理性能が悪化する懸念がある場合は、返流水量を抑制できる形式を選定する。例えば、脱水においては、洗浄水量が多いベルトプレスや加圧ろ過機に代えて、遠心脱水機やスクリュー脱水機の採用も検討する。

SS対策　濃縮機や脱水機の性能を表現する項目に、**固形物回収率**がある。この数値が高ければ、返流水中のSS濃度が低くなる。脱水機の場合、回収率は脱水機の形式によっても異なるが、汚泥の凝集状態が大きく影響するため凝集剤の選定が重要である。また、返流水を再度プロセス用水として利用する場合は、高度な処理が必要となる。

有機物対策　消化槽の脱離液のように可溶化した有機物もあるが、一般的には、返流水中の有機物はSSに含まれるものが多い。したがって、SS対策をほどこせば、有機物対策にもなる。

リン対策　水処理設備で生物脱リンを行えば、汚泥中にリンが移行する。その汚泥を消化すれば、液相側にリンが放出され、脱離液として再度水処理設備に流入する。このような場合は、凝集、晶析、結晶化等の方法でリンを除去する必要がある。消化しない場合でも、汚泥濃縮槽、貯留槽などで、嫌気性になれば、汚泥からリンが放出される。このような汚泥を脱水する場合は、鉄系やアルミ系の無機凝集剤を使用すれば、汚泥中にリンを取り込むことができる。リンの除去方法を決定する際には、分離後のリンの利用方法やセメント化等の利用先の品質要求等もあわせて検討する。

窒素対策　消化した場合のように、濃度が高ければ硝化・脱窒素処理を組み込む。近年では、エネルギー消費量やユーティリティの低減を目的にアナモックス菌を利用した処理方式も開発されている。

第7章　汚泥処理

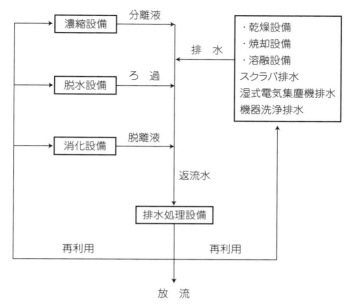

図 7.7　返流水の発生箇所と水処理設備

用語解説

①**固形物回収率**：濃縮、脱水機出口の濃縮汚泥や脱水汚泥に含まれる固形物が多ければ多いほど、返流水中の固形物量は少なくなる。濃縮、脱水機の入口汚泥中の固形物量に占める出口汚泥中の固形物量の割合を固形物回収率という。この値が高いほど性能が高い。SS（Suspended Solid）回収率ともいう。

第8章

汚泥焼却・溶融設備の概要
～火の鳥とマグマ～

8.1 汚泥焼却・溶融の状況
8.2 焼却プロセス
8.3 溶融プロセス
8.4 熱回収プロセス
8.5 排ガス処理プロセス
8.6 灰の処理処分
8.7 創エネルギー型汚泥焼却システム

8.1 汚泥焼却・溶融の状況

下水汚泥において固形物中の有機物（可燃分）は、消化汚泥で50～65％、混合生汚泥で55～85％含まれており、年々増加傾向にある。熱的に比較的簡易に減量・減容化が可能であることから、下水汚泥については、最終的な処理形態として、焼却が占める割合が最も高い。例えば、**表8.1**のように、平成22年度の汚泥発生時乾燥重量ベースで比較した汚泥処理の内訳では、全発生量の約8割が最終的に焼却・溶融を行っており、今後とも汚泥処理において重要な位置づけとなる。

<u>集約処理</u>　汚泥処理は、スケールメリットが働くので、処理場ごとに汚泥処理施設を設置するよりも、一カ所に集約して処理すれば、建設費・維持管理費ともに節減できる。下水道事業としては「下水汚泥広域処理事業」「流域下水汚泥処理事業」等があり、また大都市では集約処理が進められている。広域化・集約化が進めば処理する汚泥量も大きくなる。そのため、減量・減容化が必須となり、焼却、溶融のような熱操作が組み込まれることになる。また、コスト縮減の一環として、ごみ焼却炉で下水汚泥を混焼するという行政の枠組を超えた集中処理のケースもある。

<u>補助燃料</u>　下水汚泥の固形物あたりの低位発熱量は約 16,500 kJ/kg であり、石炭の発熱量の約6割程度である。しかし焼却炉に投入される際の汚泥は水分を75～80％含むことから、湿ベースでの低位発熱量は固形物あたりに対し10分の1程度と低い。現状の焼却方式では、汚泥の完全燃焼と温室効果ガスである N_2O 低減を目的として、燃焼温度を約850℃としている。この温度を確保するため、燃焼排ガスから熱回収を行い、燃焼空気の温度を600～650℃程度まで予熱しているが、それでも確保できない場合は補助燃料（都市ガス、A重油、消化ガス等）により賄っている。実際、大半の汚泥焼却設備では補助燃料を必要とした運転となっており、運転コストや CO_2 排出量の増加につながっている。そのため焼却炉に投入する汚泥の水分を減らすこと（低含水率脱水機、乾燥機の導入）により、補助燃料を使用しない自燃運転とすることが今後重要といえる（8.7参照）

<u>環境負荷の低減</u>　熱操作プロセスから発生する、騒音、振動、臭気の対策といった周辺環境の保全に加え、ダイオキシン類、N_2O、CO_2 等の抑制という広域的な環境保全を推進できるシステム構築が重要であ

る。また、プロセスから排出される洗煙排水等の未利用エネルギーの利用も検討し、直接的、間接的な環境負荷の低減を推進する必要がある。

表8.1 下水汚泥の処理および処分状況
（汚泥発生時乾燥重量ベース、平成22年度実績）＜文献 8-1＞

処理形態 処理性状	埋立処理	有効利用	その他	合計（％）
脱 水 汚 泥	23.2	154.8	0.1	178.1（7.9）
焼 却 灰	447.7	1281.8	23.8	1753.3(77.3)
乾 燥 汚 泥	2.1	334.3	0.2	336.6(14.8)
消化・濃縮汚泥	0	0	0	0（0）
合 計 （％）	473.0(20.9)	1770.9(78.1)	24.1(1.1)	2268.0

注）焼却灰には溶融スラグを含む
　　乾燥汚泥には堆肥化汚泥を含む、炭化汚泥を含む

（単位：千DS-t）

8.2　焼却プロセス

　現在、焼却の対象はほとんどが脱水汚泥である。脱水汚泥の水分調整を行うときには、乾燥機付となり、補助燃料が低減もしくは不要になるが、ボイラーや熱交換器等の熱回収設備が必要になる。一方脱水汚泥を直接焼却する場合は、簡素な構成となるが、補助燃料が増え、排ガス処理設備がやや大きくなる。また乾燥機付の場合は、乾燥汚泥と焼却灰の両方を有効利用することもできる。いずれのプロセスにするかは、経済性、運転体制、立地条件、有効利用、環境負荷等を勘案し、決定することになる。

流動焼却炉　立形の焼却炉内に熱媒体である砂を流動させることで、砂による強い撹拌と熱伝達によって瞬時に汚泥から水を蒸発させ燃焼する。

①気泡流動焼却炉：流動砂が炉の下層部で流動するもので、流動層を形成するために、炉底部から加熱空気を送気する。焼却灰のほとんどは炉頂から炉の外部に排出される。低空気比燃焼が可能で、燃焼効率も高く、実績も多い。

②循環流動焼却炉：気泡流動焼却炉を発展させたもので、近年採用実績が増えている。上向流速を高めて焼却灰とともに砂も炉頂から排出し、後段のホットサイクロンで砂を回収し、再度炉内に返送するものである。灰はホットサイクロンで砂と分離され、燃焼排ガスとともに後段へ送られる。炉内各部の温度差がわずかで、燃焼効率が高く、し渣等との混焼比率を高められる。温度制御が容易であることから、逆の挙動を示すNO_xとCOを同時に抑制できる（**図 8.2.1**）。

③過給式流動焼却炉：燃焼に伴い発生した燃焼排ガスの圧力を利用して過給機タービンを駆動させ、過給機反対側に設置してある過給機コンプレッサーにより吸引・加圧された大気を焼却炉に導入し、気泡流動炉を加圧条件下で運転する焼却炉である。そのため燃焼空気供給のファンが不要となる。また燃焼排ガスは残圧で大気放出されるため、誘引ファンも不要となり消費電力を気泡流動焼却炉に対し約40％低減できる。また炉内が加圧条件であり、気泡流動焼却炉と比べ燃焼速度が速くなるため、炉のコンパクト化が可能であるといわれている。

第8章 汚泥焼却・溶融設備の概要

階段式ストーカ炉

可動段と固定段からなる階段状の火格子で緩やかに撹拌しながら汚泥を乾燥・燃焼するもの。灰はストーカーの末端から落下し、排ガスは炉上部から排出するので、排ガス処理設備のばいじん負荷が低い。通常、汚泥を含水率40％前後に乾燥した後、焼却するので、補助燃料が少量もしくは不要で、CO_2の発生を抑制できる。高温燃焼によってN_2Oの発生量が少なく、地球の温暖化防止に寄与できる。緩やかな燃焼による完全燃焼かつ安定した燃焼が行える。焼却灰は部分的に溶融状態となり、形状も数センチの塊状であるので取り扱いやすく、有効利用の用途も広い。都市ごみ焼却炉の主流でもあるように、雑芥類との混焼も可能で多様な用途に適用できる（**図8.2.2**）。

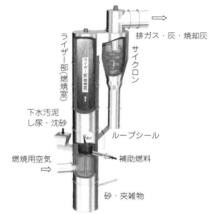

図8.2.1 循環流動焼却炉の概念図

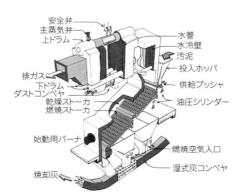

図8.2.2 階段式ストーカー炉の概念図

8.3 溶融プロセス

溶融は汚泥を1 200～1 500℃の雰囲気下でガラス状に溶かすもので、汚泥を乾燥した後、溶融する直接溶融方式と、いったん焼却した後、灰を溶融する灰溶融方式がある。いずれも減量・減容化や有効利用をいっそう推進する場合に用いられる。スケールメリットの点から大規模に適している。焼却炉と異なり、溶融に適した**塩基度**に調整する必要がある。溶融スラグには、水で急速に冷却する急冷スラグ、空気で緩やかに冷却したり温度制御する徐冷スラグと再度加熱し結晶化する結晶化スラグがある。なお、溶融プロセスはエネルギー消費量が多いことから近年は導入数が減少している。

直接溶融方式 溶融炉の形式として、コークスベッド溶融炉、旋回溶融炉、表面溶融炉がある。コークスベッド溶融炉は、溶融の熱源と火格子を兼ねるコークスを、汚泥や砕石等とともに炉内に供給するもので、乾燥汚泥のサイズが大きくてよく、含水率は35～40％でよい。旋回溶融炉は、傾斜形もしくは立形の炉内に汚泥を旋回させながら溶融するもので、旋回流を形成するために汚泥の粒子サイズを小さくし、乾燥汚泥の含水率を10％以下にする必要がある。表面溶融炉は傾斜した溶融炉床に汚泥を供給し、天井部にあるバーナーで汚泥を溶融するもので、溶融汚泥が流れるような粒子サイズでよく乾燥汚泥の含水率は20％程度である。直接溶融方式は、このように乾燥機との組み合わせになり、汚泥は、含水率が30～40％以下になれば乾燥速度が低下する**減率乾燥領域**に入るので、それに見合った乾燥機を選定する必要がある。

灰溶融方式 コークスベッド溶融炉、旋回溶融炉、表面溶融炉があるが、焼却炉の形式、すなわち焼却灰の形状によって適用できないものがある。流動焼却炉の灰はパウダー状なので、各形式とも適用できるが、ストーカー炉の灰のように塊状のものは、そのままでは旋回溶融炉には適用できない。表面溶融炉（**図8.3**）は灰の種類を選ばないので、あらゆる形式の焼却炉と自由に組み合わせることができる。灰溶融方式は直接溶融方式に比べ、以下のような利点がある。

①大容量の乾燥機が必要なく、焼却炉とあわせた建設費でも低廉。
②炉内で汚泥の水分蒸発による熱損失がないため補助燃料費が少なく、維持管理費も安価。

③焼却灰と溶融スラグの二通りの有効利用が選択できる。
④溶融炉が停止中でも焼却による処理が可能で稼働率が高い。

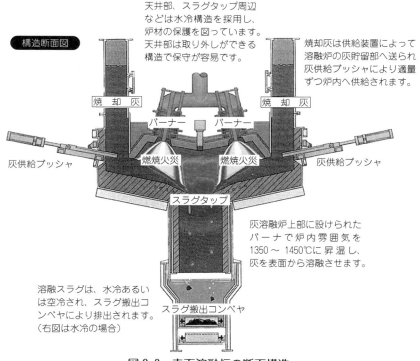

図8.3 表面溶融炉の断面構造

(用語解説)

①**塩基度**：酸性酸化物比と塩基性酸化物の比で、実用的にはCaO/SiO_2で表される。塩基度が高いほど溶融スラグは流れやすくなるが、高すぎると溶融温度も高くなることもある。有機系汚泥の塩基度は、通常0.1～0.2と低く、無機系汚泥は、1より高い傾向にある。前者は消石灰、後者は珪砂等を用いて塩基度を調整することが可能である。

②**減率乾燥領域**：乾燥は経時的に材料の温度が上昇する材料予熱領域、乾燥速度が一定である恒率乾燥領域、乾燥速度が低下する減率乾燥領域に分けられる。恒率乾燥領域から減率乾燥領域へ移行するときの含水率を限界含水率という。

8.4 熱回収プロセス

　汚泥焼却では、一般的に汚泥の保有熱量が少ないため、補助燃料を節約する目的で熱回収が積極的に行われる。焼却設備から発生する回収可能な熱源には、燃焼排ガスと温排水がある。燃焼排ガスからの熱回収媒体として、蒸気および空気が一般的である。温排水は、主に排ガス処理設備から発生し、代替フロン等の熱媒体を用いて回収される。ここでは多く用いられる燃焼排ガスからの熱回収に注目したい（図8.4）。

廃熱ボイラー　　汚泥処理の分野では**自然循環型ボイラー**の実績が多い。蒸気として回収することで、利用先への熱供給が簡易に行える利点がある。その一方でボイラー給水ポンプ、軟化器、脱気器等の付帯設備が必要で、機器点数が多くなる。蒸気の利用用途は、①汚泥の乾燥、燃焼用空気もしくは白煙防止用空気の加熱、誘引ファンのタービン駆動等のプロセス内利用、②管理棟等の暖房等の場内利用、③温室、温水プール等の場外利用、④発電への利用があげられる。

　ダストおよび腐食対策を適切に行うことで廃熱ボイラーの機能を発揮、維持できる。ダスト対策は圧縮空気もしくは蒸気を噴霧することで、水管表面のダストを除去するもので、機械式煤吹装置を用いて自動運転する。腐食は**高温腐食**と**低温腐食**に大別される。高温腐食は、おおむね320℃以上で生じやすくなるといわれている。汚泥処理においては、蒸気圧力が1〜2 MPaと管内温度が低いので、管表面の温度も高温腐食領域に至りにくい。また、ボイラー出口ガス温度を250℃以上にすることで低温腐食も防止できる。

熱交換器　　燃焼用空気や白煙防止用空気と燃焼排ガスを間接的に熱交換することで熱回収する。回収後の加熱空気は体積が大きく、また補助燃料を低減するため、プロセス内利用にほぼ限定される。主に、高温領域には、Uチューブ型、比較的低温領域には、シェル＆チューブ型およびプレート型が用いられる。ダスト対策として煤吹き、ハンマリング、ショットクリーニング等があり、熱交換器の形式に適した方法を選択する。高温腐食対策として、入口ガス温度を850℃以下、出口ガス温度を250℃以上に設定する。また、圧力損失、溶接部分の強度等にも留意する。溶融炉のような高温排ガスには高炉に実績が多いレキュペレーターも適用できる。

第 8 章　汚泥焼却・溶融設備の概要

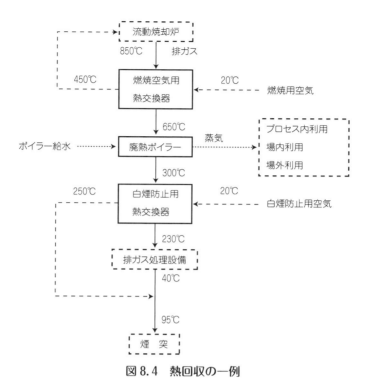

図 8.4　熱回収の一例

用語解説

① **自然循環型ボイラー**：ボイラー内で発生した蒸気とボイラー水の気水混合体とボイラー給水がその比重差によって、水管内を自然循環するもの。蒸気（上）ドラム、水（下）ドラム、降水管等で構成される。

② **高温腐食**：金属が高温下（320℃以上）で燃焼排ガス中の塩素化合物などにより腐食すること。

③ **低温腐食**：酸露点以下の温度で、金属が硫酸や塩酸等によって腐食すること。排ガス中の硫黄酸化物、塩化水素等の酸生成物の濃度や水分によって温度が異なる。

149

8.5 排ガス処理プロセス

　焼却、溶融設備から発生する排ガスは、処理施設近隣のみならず、拡散によって、大気はもとより、水系も含めた広域的な環境に影響を与えるので、その処理は重要である。排ガス処理設備の構成は、炉の形式や汚泥の種類および規制値によって異なる。また、処理場の立地条件によって、水の使用量を抑制した乾式あるいは半乾式処理と、ある程度許容される湿式処理に分かれる（**図8.5**）。除去対象物質は、ばいじん、硫黄酸化物、塩化水素、窒素酸化物、ダイオキシン類等であるが、汚泥の場合ダイオキシン類については、ほとんどの場合、炉の燃焼管理によって対応可能である。窒素酸化物については燃焼温度が高く、かつ窒素含有量が多い直接溶融方式の場合に、還元触媒脱硝が必要になることがあるが、焼却の場合は炉の燃焼管理によって対処できる。悪臭防止法で、複合臭気に対応できる臭気指数の規制がある。完全燃焼した場合でも、燃焼排ガス中の硫黄化合物や窒素化合物には、低濃度で人間が感知できるものがあるので、条例等で排出口規制がある場合は、脱臭対策が必要になることがある。実績の多い処理装置は以下のとおりである。

ばいじん　　サイクロン、乾式電気集塵機、バグフィルター、湿式電気集塵機。

硫黄酸化物、塩化水素　　湿式排煙処理塔（ガス冷却＋か性ソーダ噴霧）、バグフィルターに消石灰噴霧、炉内に消石灰噴霧。（高分子系汚泥は硫黄酸化物の濃度が高く、消石灰との反応効率が塩化水素よりも低い。このため、か性ソーダを用いる湿式が実用的）

窒素酸化物　　無触媒脱硝（尿素噴霧等）、乾式アンモニア触媒還元。

　実際には、これらの装置を組み合わせて使用する。例えば、流動焼却炉の燃焼排ガスを対象とし、水を抑制し、消石灰による灰の量を増やしたくない場合は、サイクロン＋ガス冷却塔＋バグフィルター（石灰添加なし）＋湿式排煙処理塔となる。この場合、湿式排煙処理塔の冷却排水を熱交換器やクーリングタワーで冷却し、循環使用することで、使用水量を低減できる。地球温暖化の一因である亜酸化窒素を湿式排煙処理塔で除去できている例がある。

排煙の外観　　白煙の発生や排煙が褐色になると、周辺環境に影響を与えたり苦情の原因となりやすい。白煙は、排煙を加熱空気等で再加

第8章　汚泥焼却・溶融設備の概要

熱することで防止もしくは抑制できる。排煙の着色は、バグフィルターや電気集塵機等の高度な処理を行う以外に、焼却工程で二次燃焼等による改善も検討する。

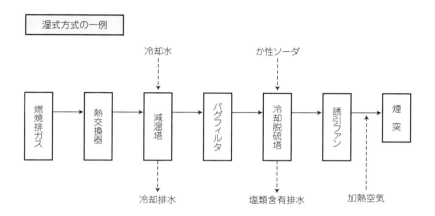

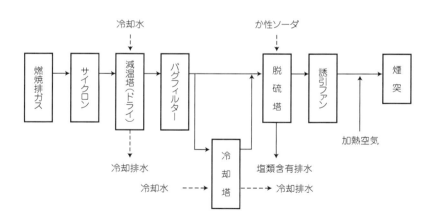

注）冷却塔は、白煙防止条件が厳しい場合に設置する

図8.5　排ガス処理フローの一例

8.6 灰の処理処分

　焼却灰は産業廃棄物処分場の逼迫が顕在化したことを背景に、平成8年度（1996年度）に下水道法が改正され、下水道管理者に対し発生汚泥量の減量化義務規定が盛り込まれた。以降、セメント原料化を中心にリサイクル量が急激に増加しているが、依然埋立処分も行われている。なお海洋投入処分は現在禁止されているため、行われていない。

　なお、処分する焼却灰やばいじんが一般廃棄物、産業廃棄物、特別管理一般廃棄物、特別管理産業廃棄物のいずれに該当するか事前に確認し、運搬および処分の法的取扱いや、方法について把握しておく必要がある。**表8.6**に産業廃棄物の埋立処分に関わる判定基準値を示す。

陸上埋立　　陸上埋立は、山間地、谷間、平地等の陸上で廃棄物を埋立てるもので、下水道法、廃棄物の処理及び清掃に関する法律（廃棄物処理法）等に準じる。焼却灰は**熱灼減量**を10％以下にする必要がある。さらに、灰が産業廃棄物の場合は、金属等を含む産業廃棄物に係る判定基準を定める総理府令の埋立に係わる判定基準を満たす必要がある。

水面埋立　　水面埋立には、海面埋立と内水面埋立があり、いずれも原則として、周囲を護岸で囲う必要がある。下水道法、廃棄物処理法に加え、海洋汚染及び海上災害の防止に関する法律等に準ずる。焼却灰は熱灼減量を10％以下にする必要がある。フェニックス計画のように公有水面を、基準に適合する廃棄物で埋立て、その用地を公用地や企業用地、あるいはゴルフ場として有効利用する方法は、処分と有効利用を一体化した事例として興味深い。

処分場の形式　　一般廃棄物および産業廃棄物の最終処分場に係る技術上の基準によって、処分場の構造が定められている。産業廃棄物については、以下の3種類の処分場に分けられる。有害な産業廃棄物は遮断型処分場、浸出水による生活環境等への汚染の恐れがないような安定した性状のものは、安定型処分場、浸出水の処理を要する性状のものは、管理型処分場に埋め立てる。一般廃棄物については、管理型に相当する一種類である。浸出水処理施設については、第10章を参照されたい。

表8.6 産業廃棄物の埋め立て処分に関わる判定基準値＜文献 8-2＞

項　　　目	基　　準　　値
アルキル水銀化合物	検出されないこと
水銀又はその化合物	0.005mg/L 以下
カドミウム又はその化合物	0.09mg/L 以下
鉛又はその化合物	0.3mg/L 以下
有機リン化合物	1mg/L 以下
6価クロム化合物	1.5mg/L 以下
ヒ素又はその化合物	0.3mg/L 以下
シアン化合物	1mg/L 以下
PCB	0.003mg/L 以下
セレン又はその化合物	0.3mg/L 以下
トリクロロエチレン	0.1mg/L 以下
テトラクロロエチレン	0.1mg/L 以下
ジクロロメタン	0.2mg/L 以下
四塩化炭素	0.02mg/L 以下
1,2-ジクロロエタン	0.04mg/L 以下
1,1-ジクロロエチレン	1mg/L 以下
シス-1,2-ジクロロエチレン	0.4mg/L 以下
1,1,1-トリクロロエタン	3mg/L 以下
1,1,2-トリクロロエタン	0.06mg/L 以下
1,3-ジクロロプロペン	0.02mg/L 以下
チウラム	0.06mg/L 以下
シマジン	0.03mg/L 以下
チオベンカルブ	0.2mg/L 以下
ベンゼン	0.1mg/L 以下
1,4-ジオキサン	0.5mg/L 以下
ダイオキシン類	3ng-TEQ/g 以下

用語解説

①**熱灼減量**：固形物中の有機物の含有率を示すもの。厚生省告示では試料を600℃で3時間熱して減少した重量を、もとの試料の重量で割ったものの百分率。下水試験方法では強熱減量として下式で表す。

　　　強熱減量（％）＝**蒸発残留物**（％）－**強熱残留物**（％）
　　　固形分中の強熱減量（％）＝ 100 －固形分中の強熱残留物（％）

8.7 創エネルギー型汚泥焼却システム

システムの考え方

下水処理から発生する脱水汚泥は他の廃棄物と比較して含水率が高く、焼却時には含有する水分の蒸発に多くの熱量が必要である。その熱量を賄うために補助燃料を必要とする場合が多いが、ある含水率以下となれば自燃運転が可能となる。さらに含水率を低減させれば、焼却システム内でエネルギーが余り、そのエネルギーを回収し電力等に変換することで、従来、エネルギー消費型であった焼却処理をエネルギー創出型に転換させることが可能となる。また創エネルギー化（システム外への電力供給）には消費電力の低い焼却システムが有効であるため、流動焼却炉と比較して消費電力の低い階段炉を用いた焼却・発電システムについて紹介する。

低含水率化脱水汚泥を用いたシステム

脱水汚泥の低含水率化技術の一例として、機内二液調質型遠心脱水機がある。従来の高分子凝集剤に加え無機凝集剤を機内薬注することで、脱水汚泥含水率を従来よりも約10ポイント低い70%程度まで低減できるため、脱水汚泥の湿ベースでの発熱量が約2倍となる。低含水率化した脱水汚泥を乾燥機能を強化した次世代型階段式ストーカー炉を用いて焼却し、炉の後段に設置した廃熱ボイラーにて蒸気として熱回収を行う。発生した蒸気は蒸気発電機に投入し、電力に変換する。蒸気量が多い場合は復水タービン発電機を用い、少ない場合は小型蒸気発電機とバイナリ発電機の組み合わせが有効である。復水タービン発電機とバイナリ発電機は多量の冷却水が必要となるが、汚泥焼却の場合下水処理水を用いることができる。このようにシステムの消費電力が低いため、焼却規模にかかわらず、システム全体での消費電力が発電量を上回り、創エネルギー（電力自立）が可能となる（図8.7.1）。

乾燥機を組み合わせたシステム

階段式ストーカー炉の後段に廃熱ボイラーを設置し、発生した蒸気を用いて蒸気間接加熱式乾燥機の熱源として利用するシステムは従来から採用されており、脱水汚泥含水率が概ね78%以下であれば自燃運転が可能である。さらに脱水汚泥含水率がそれ以下であれば余剰エネルギーが得られ、電力に変換することが可能である。従来は発電利用を考慮していないため、ボイラーから発生する蒸気の圧力は乾燥機に用いる蒸気圧力条件に調整が可能な圧力としていたが、発電利用する場合はより高い圧力の蒸気を発生させ、乾燥機に必要な圧

力条件までの圧力差分を背圧タービン発電機等にて電力に変換させる。また、乾燥機に投入する蒸気が余れば、バイナリ発電機により更なる電力回収が可能である。以上のように脱水汚泥の含水率にもよるが、創エネルギー（電力自立）が可能となる（**図 8.7.2**）。

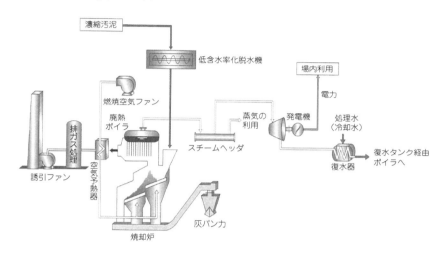

図 8.7.1　低含水率化脱水汚泥を用いたシステム

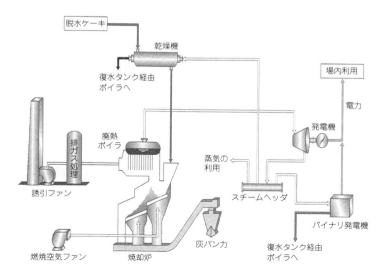

図 8.7.2　乾燥機を組み合わせたシステム

第9章

し尿処理設備の概要
～し尿処理の歩み～

9.1 し尿処理技術の歴史・体系
9.2 し尿処理方式の変遷
9.3 高負荷脱窒素処理法
9.4 浄化槽汚泥対応型し尿処理方式
9.5 汚泥再生処理センター
9.6 下水道放流型し尿処理方式

9.1 し尿処理の歴史・体系

し尿処理の歴史と現状
（図 9.1.1、図 9.1.2）

わが国で古くから行われていた、し尿の農地への還元処分は、近代化と工業化が進むにつれ限界が生じ、同時にコレラ等感染病の流行を防ぐ必要性から、汲み取りし尿を衛生的に処理する社会的要求が高まった。昭和 20 年代後半にはし尿処理施設に関する法整備が行われ、30 年代になると本格的に汲み取りし尿を集約処理するための施設が建設されるようになった。

し尿の単独処理は我が国特有のもので、し尿は下水に比べると有機物や窒素等の濃度が著しく高い特徴がある。そのため、当初は欧米で普及していた下水処理技術を応用することでスタートし、その後、様々な技術開発を経ながら除々に高度な処理方式が確立されていった。

近年の下水道普及率の向上により、し尿処理人口は年々減少している。しかし、浄化槽汚泥の増加や簡易水洗トイレの普及による 1 人当り処理量の増加によって、し尿処理量そのものの減少は緩やかである。公共事業の財政が厳しさを増すなか、下水道未整備地域への下水道新規敷設は停滞も予想されることから、今後もし尿処理施設の必要性は続くものと考えられる。

し尿処理の体系

主として家庭より発生するし尿は、一般廃棄物に分類され環境省が管轄し、廃棄物行政のもと整備されてきた。また、浄化槽から発生する浄化槽汚泥も昭和 58 年の法改正により市町村がし尿処理施設で処理されることとなっている。

平成 10 年以降、し尿処理施設は汚泥再生処理センターと称され、処理に伴い発生する汚泥を有効利用する事が義務付けられた。以降、単にし尿を処理するだけの施設の建設は、環境省の補助金を受けられない事となった。

また、浄化槽設置率の向上などにより、処理施設へ搬入されるし尿の希薄化が進んだ地域も多い。それらを対象として浄化槽汚泥対応型の処理が考案され、実証試験を経て実プラントが多数建設されている。

一方、下水道整備地域で生じていた、し尿や浄化槽汚泥を簡易処理後、下水道へ受け入れる下水道投入型し尿処理施設も出現し、建設費、運転費を抑える有効な方法として注目された。

第9章 し尿処理設備の概要

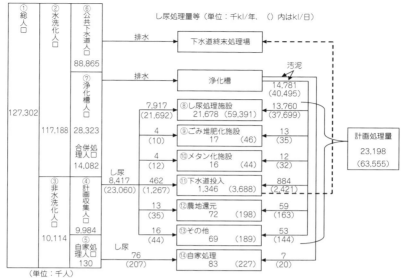

図 9.1.1 処理人口と処理量（平成 22 年度実績）＜文献 9-1＞

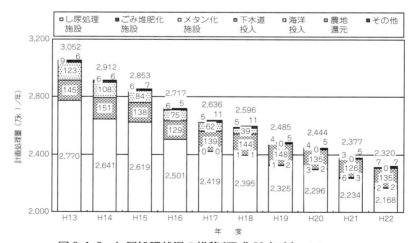

図 9.1.2 し尿処理状況の推移（平成 22 年度）＜文献 9-2＞

9.2 し尿処理方式の変遷

　し尿は、BOD、窒素等の濃度が非常に高く、通常の活性汚泥法では処理が難しい。し尿処理の初期の頃は、一次処理を嫌気処理で行い、有機物濃度を減じたものを、井水等で20倍程度に希釈し下水並みの水質とした上で二次処理の活性汚泥処理に掛けられていた。その後、一次処理を好気性とした処理法が出現した。好気処理は嫌気処理と比べ、エネルギー多消費型の処理であるが、処理速度が速い特長がある。そのため、嫌気処理の欠点でもある長い処理日数、あるいは処理に伴い発生する硫化水素等の臭気を軽減できる利点があり、巨大な処理槽を必要とする嫌気処理に取って代わった。昭和40年代以降は好気処理が主流となり、さらなる技術開発により希釈水の減量、窒素の高度処理が可能となる。50年代後半には無希釈処理が登場し、平成に入ると膜処理が主流となり汚濁物質を99％以上除去可能な方法が一般的となっている。

標準脱窒素処理法　この処理法は、循環式脱窒素処理法と同種の方法であり、窒素を効率よく処理でき、希釈倍率が10倍程度とそれまでの方法より低いことから、広く普及し標準脱窒素法と呼ばれた。

　生物学的脱窒素法の基礎的方式では、し尿はまず曝気処理によってBODを十分に除去した後、硝化槽に流入しさらに曝気され硝化菌の働きにより、アンモニアを硝酸に酸化する。次にし尿は脱窒素槽に導かれ、溶存酸素のない状態で添加されたメタノール等の有機炭素源を基質とし、脱窒菌により硝酸を窒素ガスに還元し大気放出することで脱窒素が行われる。

　これに対し標準脱窒素処理法は、脱窒素槽を先頭に、硝化槽をその次とした槽配列となっている（**図9.2.1**）。硝化反応の完了した混合液は、硝化槽から脱窒素槽に循環液として返送され、脱窒素槽で投入されたし尿と混合することによって、し尿中のBODを有機炭素源として利用し脱窒素を行うものである。なお、窒素除去率は、投入し尿の希釈倍率と循環液量比により決まる（**図9.2.2**）。

　この方法では、し尿中のBODは、脱窒素反応時に消費されるので、BOD酸化のための酸素供給が不要となり、同時に脱窒素のためのメタノール添加もほとんど必要なくなる。また、硝化によるpH低下を中和するためのアルカリ剤の添加も不要となるなど、経済的である。

第 9 章　し尿処理設備の概要

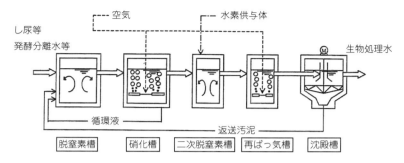

図 9.2.1　標準脱窒素法のフローシート＜文献 9-3＞

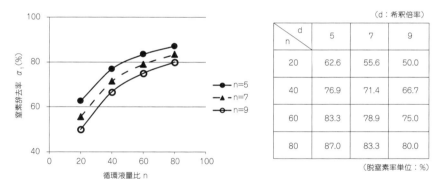

d / n	5	7	9
20	62.6	55.6	50.0
40	76.9	71.4	66.7
60	83.3	78.9	75.0
80	87.0	83.3	80.0

（d：希釈倍率）
（脱窒素率単位：％）

図 9.2.2　硝化液循環法における循環液量比と脱窒素槽での窒素除去率＜文献 9-4＞

9.3　高負荷脱窒素処理法

　高性能の酸素溶解装置の実用化とともに、し尿を無希釈にて短い時間（4～5日）で硝化脱窒素処理する方法が開発された。この方法の特徴は、高いMLSS濃度の硝化脱窒素槽にて処理されることで、高容積負荷かつ高汚泥負荷で処理されることから、硝化脱窒素槽の容量を従来法よりも大幅に削減することが可能である。（**表9.3**）

　本法は、従来の好気性消化槽を小容量・高負荷にしたものとして登場した。実証テストにおいて、窒素が大きく除去されていることが判明し、単一の消化槽の中でDOが高く硝化が起こる部分と、DOが低く脱窒が起こる部分が自然発生的に生じていることがわかった。以降、種々の反応槽構造や酸素供給装置をもって本方式の実証試験が行われ、さらに二次処理との組合わせで、窒素を99％以上除去できるシステムとして開発された。1988年の構造指針改定時には、厚生省の認めるし尿処理方式の一つとして構造指針に記載されている。

　本法では、硝化脱窒槽のMLSSが高いため固液分離が難しく、沈殿槽の水深・水面積を大きく取るなど設計上の注意が必要となる。そのため、本法では遠心濃縮法や加圧浮上法など機械的・強制的な固液分離操作を採用することで、運転の安定化を計る事例が多い。

膜分離高負荷脱窒素法　排水処理の分野における膜の適用は、ビル内の排水を再利用するための排水処理設備における固液分離装置としてまず採用された。その後、分離膜の用途拡大研究が進められる中で、高負荷方式し尿処理の固液分離にUF膜を用いる試みがなされ、膜が高濃度の活性汚泥混合液の固液分離に耐えることが確認された膜分離高負荷脱窒法である（**図9.3**）。

　膜によるSS分離は物理的に安定して行われることから、従来法のように沈殿槽でのSS分離の良否に神経を使う必要がなく、なおかつＳＳを含まない清澄な処理水が得られる。このことから、膜を採用することで生物処理工程の運転管理が容易となる効果も生じた。

　導入当初は、膜モジュールを槽外に設置し、汚泥を加圧供給してろ過処理する槽外型膜が一般的であった。これに対し近年では、膜モジュールを膜分離槽内水中に設置し、槽上に設けたポンプで吸引ろ過する浸漬膜方式が主流となっている。浸漬型は槽外型に比べ、装置全体をシンプルに構成でき、また汚泥を

加圧供給するための動力が削減できるなどのメリットがあり、現在は主流となっている。

表9.3 標準脱窒素処理方式と高負荷脱窒素処理方式の基準値の比較 <文献 9-5>

項　　目	標準脱窒素処理方式	高負荷脱窒素処理方式
BOD容積負荷	2kg-BOD/m³・日以下 （脱窒素槽）	2.5kg-BOD/m³・日以下 （硝化・脱窒素槽）
BOD-MLSS 負　　荷	0.1kg-BOD/kg-MLSS・日以下 （脱窒素槽・硝化槽）	0.1〜0.5kg-BOD/kg-MLSS・日以下 （硝化・脱窒素槽）
総窒素-MLSS 負　　荷	0.04kg-N/kg-MLSS・日以下 （脱窒素槽・硝化槽）	0.03〜0.05kg-N/kg-MLSS・日以下 （脱窒素槽・硝化槽）
二次脱窒素槽の 酸化態窒素/ MLSS負荷	0.01kg-N/kg-MLSS・日以下	―
運転MLSS濃度	6 000 (mg/l)	12 000〜20 000 (mg/l)
運　転　温　度	15℃以上	25℃〜38℃
希　釈　倍　率	10倍以下	3倍以下

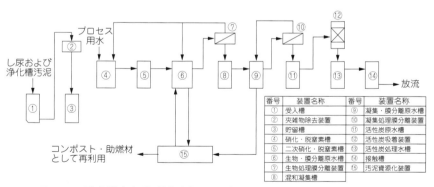

図9.3 膜分離高負荷脱窒素処理方式のフローシート例 <文献 9-6>

9.4 浄化槽汚泥対応型し尿処理方式

し尿と浄化槽汚泥

下水道未整備地域におけるトイレ水洗化、あるいは生活汚水対策として浄化槽の設置が推進された。し尿処理施設の性能が向上し、し尿中の汚濁負荷を100%近くまで除去できるようになったとはいえ、汲み取り式の場合、台所排水等の生活雑排水が未処理のまま放流される問題が残る。したがって公共水域の水質改善から見れば、浄化槽を設置した方が環境への負荷をより低く抑えることができる。

浄化槽は、生物処理を中心とした小型の排水処理装置であり、その性能を正しく発揮させるためには、定期的な沈殿汚泥の抜き取りや内部清掃が必要となる。この浄化槽清掃時に生じる汚水・汚泥を浄化槽汚泥と称し、し尿処理施設で処理される。

浄化槽汚泥の特徴

一般的なし尿および浄化槽汚泥の水質は**表9.4**に示すとおりである。

浄化槽汚泥は、し尿に比べBOD、窒素等の濃度は低く、またBOD/全窒素の比が高いことから、生物学的脱窒素処理はやり易い性状といえる。注意すべき点は、厨房排水からの油分混入による排水負荷の急上昇、あるいは大規模な事業場浄化槽がある場合には、一時期に多量な浄化槽汚泥が搬入されるなど、処理原水の質的・量的な変動が大きい面である。

浄化槽汚泥対応型し尿処理方式

浄化槽汚泥の大半は、浄化槽で一次分離された固形物や生物処理後の余剰汚泥である。従って、まずこれらを脱水により固液分離することで、後段の生物処理への負荷を減らし、設備の簡略化を計ったものである。また、原水に油分が混入した場合は、脱水処理前段の凝集剤注入工程により凝集分離することができる。

具体的な処理フローは、除渣後のし尿および浄化槽汚泥に凝集剤を添加し、場合により次に生物反応槽を設置しBOD・窒素の粗取りを行った後、余剰汚泥とともに脱水し、分離液を硝化脱窒素槽で処理し膜分離するものである（**図9.4**）。この技術は、膜処理方式のし尿処理に用いられている凝集後の膜分離プロセスが不要で、主処理の膜を透過した液を直ちに活性炭吸着処理を行って、所定の水質とすることができる。

表9.4 くみ取りし尿および浄化槽汚泥の水質＜文献 9-7＞

項目＼区分	収集し尿 非超過確率			収集浄化槽汚泥 非超過確率		
	50%	75%	84%	50%	75%	84%
pH	8.0	8.4	8.6	7.0	7.4	7.4
BOD （mg/L）	11 000	13 000	14 000	3 500	5 500	6 800
COD （mg/L）	6 500	7 900	8 600	3 000	4 500	5 600
浮遊物質 （mg/L）	14 000	18 000	20 000	7 800	13 000	16 000
蒸発残留物（mg/L）	27 000	32 000	35 000	10 000	16 000	19 000
全窒素 （mg/L）	4 200	4 900	5 200	700	1 100	1 400
全りん （mg/L）	480	610	680	110	190	250
塩素イオン（mg/L）	3 200	3 800	4 200	200	360	540

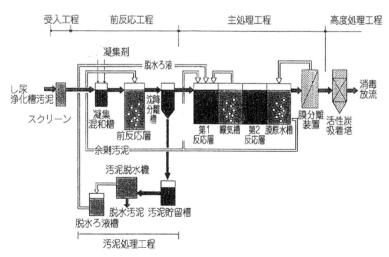

図9.4 浄化槽汚泥対応型し尿処理方式のフローシート例＜文献 9-8＞

9.5 汚泥再生処理センター

「循環型社会の構築」が求められるなか、し尿処理については平成9年に厚生省（当時）から「汚泥再生処理センター」構想が示された。これは、従来型のし尿処理施設に生ごみをはじめとする有機性廃棄物を受け入れ、資源の回収、リサイクルを目指すというものである（**図9.5**）。

その手法は、施設に受入れた有機性廃棄物と、し尿処理工程で発生する余剰汚泥を混合後、メタン発酵によりエネルギーを回収し、さらに発酵後の汚泥をコンポスト化等により、有効利用を計るものである。平成10年以降は、汚泥再生処理センターの要項を満たす場合のみ、環境省の補助が受けられる。

汚泥再生処理センター型システムの構築には、北欧等で発達していた有機性廃棄物のメタン発酵技術が導入され、色々な方式が実証試験されている。このメタン発酵は、し尿処理で当初行われていた嫌気処理と異なり、高濃度・高効率なものである。

基本構想に対する問題点　汚泥再生処理センター構想を実現させる上での課題は、ごみの分別収集とコンポスト製品の需要確保である。メタン発酵処理に適した有機性廃棄物を定常的に集める必要があり、またコンポストが受け入れられるためには、異物の混入は避けなければならない。このためには生ごみ収集過程での分別が不可欠であるが、分別には市民の意識の向上、ならびに行政側の収集体制確立の問題がある。

また、従来の高度化されたし尿処理システムにさらに、生ごみの受入れ・選別設備、メタン発酵や堆肥化設備を付加した施設とする必要があり、設備費や運転管理の面でも負担増となることも考えられる。

汚泥再生処理センター資源化メニュー追加　前述のような問題点の緩和策として、汚泥資源化メニューが追加された。資源化技術は、当初対象としていた、メタン発酵、堆肥化、炭化に加え、汚泥の助燃材化、あるいはし尿および浄化槽汚泥中のリンを回収し堆肥化するMAPやHAP技術が加えられた。また、有機性廃棄物の受入れは、地域の事情に合せ計画すれば良いこととされた。

汚泥の助燃材化とは、汚泥が自燃する含水率70%以下に脱水処理する方法で、発生した脱水汚泥は自治体の所有する一般廃棄物焼却施設へ持ち込み、ごみ燃却の際の燃料として利用するものである。

第9章 し尿処理設備の概要

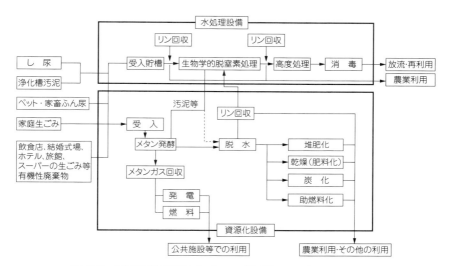

図9.5 汚泥再生処理センターの構成システム<文献 9-9>

9.6 下水道放流型し尿処理方式

　下水道整備地域における汲み取りし尿の取り扱いの1つとして、し尿を下水道へ投入・放流する事例は以前からあり、2008（平20）年度実績では全国の計画処理し尿量の約5.5%で実施され、その数は増加傾向にある。受け入れ側の下水処理場では、汚水・汚泥処理の全体計画の見直しを実施し、施設全体の処理機能に支障がないよう十分注意を払う必要がある。技術的な課題としては、流入汚濁濃度の上昇、施設の腐食、汚濁負荷のピークの集中への対策などがあり、行政的には下水道関連部局と廃棄物関連部局の調整と綿密な連携があげられる。この方式の場合、し尿処理施設の機能の一部を省略して下水放流基準に適合するレベルまで処理を行うため、前処理・生物処理・脱水・希釈などの各単位プロセスを目的の水質に応じて組み合わせた最適なシステムを構築することになる。また、ごく小規模な場合は、下水処理場でも直接受け入れる事例もある。一般的に求められる処理水質は、下水道法による下水道の排除基準となるBOD、SS共に600 mg/L以下、窒素240 mg/L以下、りん32 mg/L以下（地域により窒素、りん条件がない場合もある）である。しかし実際は、個々のケースにおける合意内容に応じて、より厳しい基準を設定している場合も多い。

　下水道放流型処理方式は、処理が簡易で機器点数も比較的少ないため建設費・維持管理費・エネルギー消費の低減が可能である。

　図9.6に下水道放流処理方式の代表的な2例の概略フローを示す。「生物処理方式」は、生物処理で汚濁物質を分解し固液分離した処理水を放流するため、希釈水量が非常に少なくてすむが若干設備が複雑になる。一方、「脱水機方式」は、し尿・浄化槽汚泥を直接脱水により固液分離し分離液を希釈放流する方法であり、設備は比較的単純であるが希釈倍率は5倍程度必要となる。下水道放流型の場合、下水道放流料金が維持管理費の大きな割合を占める場合が多いため、できるだけ希釈水量を削減することが重要となる。そのため、処理方式の決定に際してはイニシャル、ランニングを含めて十分なコスト検討が必要といえる。また、下水処理場内にし尿等を受け入れるための設備を建設し、これを下水道事業（MICS事業）として整備できる施策も実施されている。この事業は、下水処理施設の余剰能力を有効に活用し、各種汚水処理の共同整備を図ることで、公共資材（ストック）を柔軟的に活用した効率的な汚水処理整備を目的としたものである。

第 9 章　し尿処理設備の概要

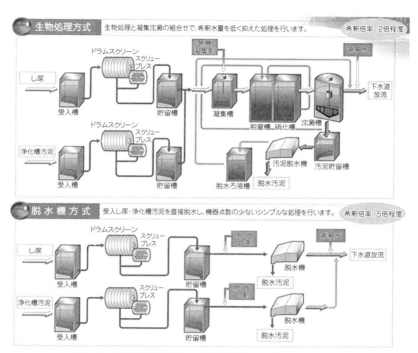

図 9.6　下水道放流型し尿処理フロー例＜文献 9-10＞

埋立浸出水処理設備の概要
～地下水を守れ～

- 10.1　廃棄物の処理、処分
- 10.2　最終処分場の機能
- 10.3　最終処分場からの浸出水
- 10.4　浸出水処理設備
- 10.5　微量汚染物質の処理
- 10.6　浸出水処理設備の維持管理

10.1 廃棄物の処理、処分

廃棄物とは、「廃棄物の処理及び清掃に関する法律」(廃棄物処理法)では、「ごみ、粗大ごみ、燃え殻、汚泥、ふん尿、廃油、廃酸、廃アルカリ、動物の死体その他の汚泥又は不要物であって、固形状又は液状のもの」と定義されている。

廃棄物の処理は、収集→中間処理(ごみ焼却やし尿処理)→埋立処分の形で行われており、最終処分場はあらゆる廃棄物を自然に還元する最終プロセスに位置づけられる。

最終処分場の整備状況

最終処分場の全体容量は、ここ数年 46 000 万 m^3 で横ばいであり、平成24年度では残余容量 11 201 万 m^3、残余年数 19.7 年となっている(**図10.1.1**)。残余容量は年々少なくなっているものの、資源ごみの分別やリサイクルが推進し、残余年数は少しずつ増加傾向にある。

埋立構造の種類

埋立構造は一般に、①嫌気性埋立、②嫌気的衛生埋立、③改良型嫌気的衛生埋立、④準好気性埋立、⑤好気性埋立の5種類に分類される。①は単純に埋立地に投棄を重ねていくもの、②は毎日の作業終了時に覆土を行うもの、③は②に加えて浸出水集排水管を底部に埋設して、底部排水の抜き出しを可能にしたもの、④は③の集排水管の形状や管径に配慮して、集排水機能に空気の自然循環機能を付加したもの(**図10.1.2、図10.1.3**)、⑤は強制通風により埋立層内部を好気的に保つようにしたものである。

嫌気性の場合、埋立層内が嫌気状態となり、メタンガスや硫化水素などを発生するので、メタンガスによる火災や硫化水素による臭気のほか、ガス吸引による中毒などに十分な注意を必要とする。したがって、最終処分場に自然浄化機能を持たせた、好気性埋立構造または準好気性埋立構造が望ましく、準好気性埋立構造が多く採用されている。

2000年(平12年)に最終処分場の性能指針が定められた。事前の立地調査、施工管理および維持管理などを適切に実施することで、より安全で信頼性の高い最終処分場の整備をめざす内容となっている。

第10章 埋立浸出水処理設備の概要

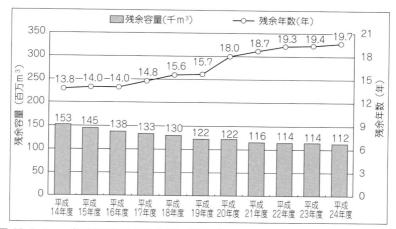

図 10.1.1 一般廃棄物最終処分場の残余容量と残余年数の推移 <文献 10-1>

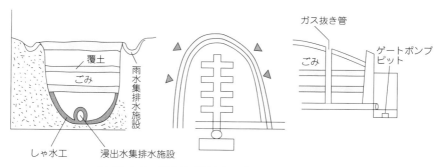

図 10.1.2 準好気性埋立の構造 1 <文献 10-2>

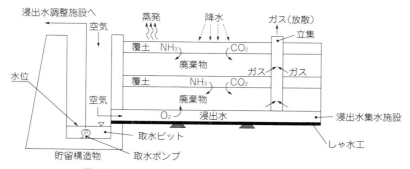

図 10.1.3 準好気性埋立の構造 2 <文献 10-3>

10.2 最終処分場の機能

3つの機能　廃棄物最終処分場性能指針によると、最終処分場に必要な機能としては、貯留機能、遮水機能、処理機能がある。貯留機能とは、埋立ごみが必要期間支障なく順次埋立てることができ、埋立終了後も安定して貯留できる機能である。遮水機能とは、埋立ごみに含まれる汚染物質が、降雨や地下水を介して公共の水域や地下水の汚染をしない機能である。処理機能とは、浸出水処理設備や発生ガス処理設備などを設けて、埋立ごみからの浸出水や発生ガスなどが生活環境や周辺の自然環境などに支障を与えない機能である。

漏水検知システム　埋立地の底部は汚染物質の流出を防ぐため、シートやベントナイトなどを組合せた遮水構造をしている。埋立作業中の事故により遮水シートを破損したとき、汚染物質が地下水へ拡散の恐れがある。漏水検知システムは、漏水の早期発見と、遮水構造の早期回復を可能にする。

埋立ごみの安定化　埋立ごみは、降水による汚染物質の洗い出し効果だけでなく、埋立地内のさまざまな反応で安定化される（**図10.2.1**）。大きく分けて有機物は生物分解、無機物は化学反応によって浄化する。有機物は、土壌中の微生物によって分解され、糖類や有機酸、アルコールなどの中間生成物を経て、最終的には水や気体（二酸化炭素、メタンガス）、無機塩類となり安定化する。焼却灰主体に含まれる無機塩類や重金属類は、一部は土壌などへ固定化（安定化）し、水中へ溶出しやすいものは降雨により浸出水中へ移行する。

新しい処分場の形　埋立地に屋根（覆蓋）を設け、降雨の影響をなくした被覆型処分場が登場している（**図10.2.2**）。被覆型処分場は、最終処分場の機能をコントロールする。降雨のかわりに散水を行うことで、浸出水発生量を管理する。また、埋立地を被覆するため埋立ごみの飛散を防止でき、臭気の抑制には効果がある。ただし、埋立作業環境は屋内となるので、粉じん、硫化水素濃度、酸素濃度、可燃性ガスの発生など、内部環境の保全に注意が必要である。

第 10 章　埋立浸出水処理設備の概要

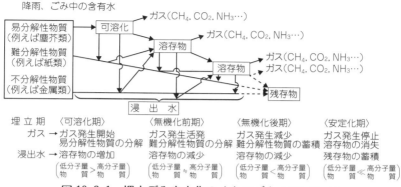

図 10.2.1　埋立ごみ安定化のメカニズム ＜文献 10-4＞

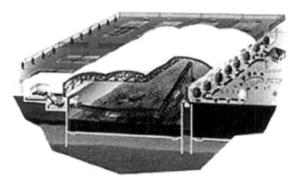

図 10.2.2　クローズド型処分場の例 ＜文献 10-5＞

10.3 最終処分場からの浸出水

浸出水量

　一般に、浸出水は水量・水質の変動が大きい。最終処分場からの浸出水量は、周囲からの雨水や地下水の流入がなければ、降水量、埋立物の保有水量、蒸発散量により決まる（**図10.3**）。このうち、最も大きな変動因子は降水量であるため、主として降水量により、浸出水量を近似することができ、一般に次の合理式が用いられる。

$$Q = C \cdot I \cdot A / 1000$$

　　　ここで、Q：浸出水量（m³/日）　　C：浸出係数
　　　　　　 I：降水量（mm/日）　　　A：埋立地面積（m²）

　実際の運用に際しては、降水量は年、季節によってかなり変動するため、原則として、埋立期間と同じ期間（15年程度）の降水量の最大値を用いる。なお、降水量は、近くの気象台もしくは測候所のデータを用いる。

　浸出係数は、浸出水量の降水量に対する比率で、蒸発散量により求められる。蒸発散量は、植生や気候に左右されるが、実測による方法と予測式による方法があり、予測式では、Blaney-Criddle法、Thornthwaite法、Penman法などがある。

浸出水の性状

　浸出水の性状は、基本的に埋立ごみ質によって左右される。可燃性ごみを主体に埋め立てる場合には、BOD（Biochemical Oxygen Demand：生物化学的酸素要求量）、COD（Chemical Oxygen Demand：化学的酸素要求量）、アンモニア性窒素などが高い。一方、焼却残渣と不燃ごみを主体とする場合は、重金属などの無機成分や難分解性物質のほか、未燃分や不燃ごみに付着した有機成分が含まれる。また、焼却残渣中には、焼却設備の排ガス処理で捕捉された塩素化合物や、消石灰を含んだ飛灰も含まれるため、塩素イオン、カルシウムイオンが高濃度になる場合も多くなっている。

　一般廃棄物最終処分場で浸出水処理設備を計画するとき、流入水質の目安として、**表10.3**のような値が用いられる。

第10章 埋立浸出水処理設備の概要

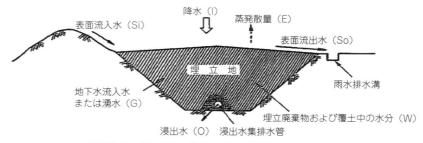

図 10.3 埋立地における水量収支 ＜文献 10-6＞

表 10.3 計画流入水量の目安 ＜文献 10-7＞

項　目	可燃性ごみ主体	不燃性ごみまたは焼却残渣	備　考
BOD	1,200mg/L	250mg/L	
SS	300mg/L	300mg/L	
COD	480mg/L	100mg/L	
NH4-N (T-N)	480mg/L	100mg/L	
pH	腐敗有機物が多いと酸側になる	灰の熱しゃく原料が低い場合はアルカリ側になる	1) 埋立構造：準好気性埋立 2) 埋立期間：5年　埋立厚：4m 3) 焼却灰の熱しゃく減量：8% 4) TDSについては焼却施設のHCl除去装置の有無、ダストの処分法に留意する。 5) ダストを一緒に埋め立てる場合はTDSのほか、Ca^{2+}、重金属についても留意する。
TDS	$10^3 \sim 10^4$mg/L オーダーになることもある		
大腸菌群数	3,000個/mL を超えることがある		
Fe^{2+}	Fe^{2+}：通常 10mg/L 程度		
Mn^{2+}	Mn^{2+}：通常トレース(根拠)程度		
その他の重金属	その他の重金属：：通常不検出		
色度	茶褐色～淡黄色		

10.4 浸出水処理設備

　浸出水処理は、埋立地内の浸出水集排水施設によって集められた浸出水を、放流先の公共用水域および地下水を汚染しないように処理することが目的であり、その機能をもっていることが前提となる。浸出水の質や量は、埋め立てられる廃棄物の質や埋立工法、気象条件による影響を受け、変動しやすい。したがって、浸出水処理施設は、安定した処理を可能にするための配慮が必要である。浸出水処理施設を構成する設備には次のようなものがある。

①浸出水取水設備

　浸出水集排水施設で集められた浸出水を、浸出水調整設備へ供給する設備。

②浸出水調整設備

　浸出水量、水質の調整、均一化を図る設備。

③浸出水導水設備

　浸出水調整設備から水処理設備へ浸出水を導水する設備。

④水処理設備

　計画流入水質を放流水質まで処理する設備。

⑤処理水放流設備

　水処理設備で処理された水を公共用水域まで放流する設備。

水処理プロセス　浸出水の水質は、埋立ごみ質や埋立工法によって大きく左右される。可燃性ごみを主体に埋め立てる場合には、BOD、COD、SS、アンモニア性窒素などの除去が中心となり、生物学的な処理方法が多く用いられる。なかでも、運転の容易な接触ばっ気法、回転円板法、活性汚泥法などが多い。

　一方、焼却残渣と不燃ごみを主体とするときは、BOD、COD、SS、アンモニア性窒素のほか、カルシウムイオン、塩素イオン、重金属類、難分解性物質なども含まれる。このような原水に対しては、生物学的な処理方法に加えて、凝集沈殿処理、砂ろ過処理、活性炭吸着処理、キレート樹脂吸着処理などを組み合わせたプロセスを構成する。処理フローの一例を**図 10.4.1** および**図 10.4.2** に示す。

第10章　埋立浸出水処理設備の概要

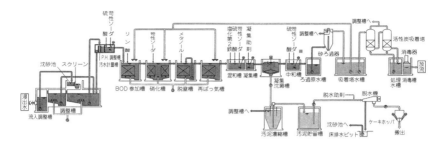

図10.4.1　BOD、窒素、SS、重金属除去主体のフロー例

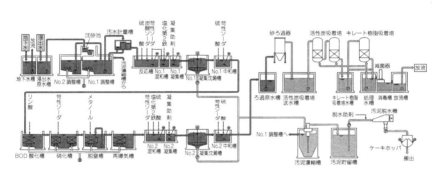

図10.4.2　Ca、BOD、窒素、SS、重金属除去主体のフロー例

10.5 微量汚染物質の処理

塩素イオン　廃棄物処理施設の排ガス処理において、塩素吹込みによる中和処理をすることで、飛灰中の塩濃度が高くなり、浸出水中の塩素イオンが数千～20,000 mg/Lの高濃度となる事例もある。このような場合、浸出水処理設備の金属腐食やコンクリートの劣化、生物処理阻害、また放流先への農業被害などの影響を及ぼす恐れがある。塩素イオンは、通常の凝集沈殿、生物処理、活性炭吸着処理では除去できないため、逆浸透膜法、電気透析法、蒸発濃縮法などの塩素除去技術が用いられる。いずれの除去方法も、副生成物として塩素濃縮液が発生し、多くの場合、固形塩化され処分される。一時保管して再利用する場合もあるが、不純物の含有がないなどの厳しい条件がある。

ダイオキシン類　浸出水中には、ごみ焼却灰由来のダイオキシン類が含まれることもあり、注意が必要である。ダイオキシン類対策特別措置法により、ダイオキシン類の放流基準は、**毒性等価濃度** 10 pg-TEQ/L以下と定められている。除去技術としては、分離による方法と分解による方法に大別される（**図 10.5**）。

「ごみ処理に係るダイオキシン類発生防止等ガイドライン」（環境省、平成9年）では、ダイオキシン類の水への溶解度が低いため、SSを10 mg/L以下とすることにしている。実際の処理施設では、砂ろ過＋活性炭吸着工程を経た処理水中では、ダイオキシン類が非常によく除去されている。

ダイオキシン類は溶存態としても存在し、近年の環境意識の強化から水質環境レベルまで低減することが求められる場合には、より高度な除去技術を設置する。分離技術では逆浸透膜による膜分離法や、分解技術では紫外線、オゾン、過酸化水素などによりHOラジカルを発生させ、酸化分解する促進酸化処理法などが採用されている。

その他の微量汚染物質　ふっ素は、自然由来のものを除けば半導体工業、窯業の製造、焼却施設の残渣、汚泥などにより浸出水中に含まれる。ほう素は、焼却灰や陶磁器類、ＦＲＰやガラスなどに起因する。いずれも生物処理や活性炭処理設備では除去できないため、基準値を超える場合は、特殊な吸着樹脂などの新たな処理方法の検討が必要である。

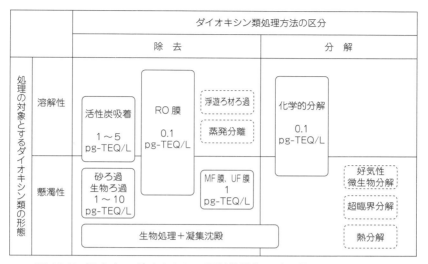

図10.5 浸出水のダイオキシン類対策技術の適用範囲＜文献 10-8＞

用語解説

①**毒性等価濃度**：ダイオキシン類は、それぞれの毒性強度が異なる75種の異性体がある。最も毒性が強いとされる2，3，7，8，-テトラクロロジベンゾ-1，4-ジオキシンの毒性を1としたときの係数を毒性等価係数（TEF）とし、実測濃度に掛けた濃度の合計を毒性等価濃度という。

10.6 浸出水処理設備の維持管理

浸出水処理設備は、その性能を十分に発揮させるため、埋立時期や季節別の浸出水性状を把握し、最適な運転条件で管理することが求められる。

水質の測定　最終処分場は、技術上の基準（一般廃棄物の最終処分場及び産業廃棄物の最終処分場に係る技術上の基準を定める命令 - 総理府・厚生省令）により、地下水、放流水についての測定頻度、項目などが定められている。一般廃棄物の最終処分場の放流水については、排水基準項目とダイオキシン類について年1回以上、pH、BOD、COD、SS、T-Nは月1回以上測定することとなっている。

水量水質の変化　埋立初期は処理が容易な汚水であるが、埋立後期には生物処理の困難な汚水となり、低負荷運転や物理化学処理主体にするなど対応が必要となる場合がある。季節別では、豊水・渇水期、積雪の有無など、水量の変化が予想される場合は、処理量の調整などの対策を検討する。

廃棄物処理計画の変更などによるごみ質の変化で、埋立廃棄物の組成が変わると、浸出水原水水質にも影響する。たとえば、不燃ごみ主体の埋立物から焼却灰主体に変化すると、焼却灰由来の塩素イオンやカルシウムイオン濃度が高くなる。既存処理設備で対応できない場合は、設備の更新や追加などの対策を行う。

設備の保守・点検　浸出水処理設備の機器類、計器や制御機器について、日常点検や保守点検、整備を行う。最近では、焼却灰主体の埋立により、塩素イオンによる機械設備の腐食や、カルシウムイオンによる配管や機器類の閉塞などの障害が報告されている。

最終処分場の埋立期間は10年や15年程度であるが、埋立完了後も廃止基準を満たすまで、浸出水処理設備の運転が長期間にわたり必要となってくる場合もある。

モニタリング施設　モニタリング施設は、最終処分場の適切な管理や周辺環境の汚染防止・監視を総合的に行うために、埋め立て中および埋め立て終了後を通じて、埋立ごみ質の変化や埋立層の沈下量、浸出水、地下水、発生ガスなどの項目（**表10.6**）を監視する目的で設置する。これらのデータと解析結果は、最終処分場の安定化（**図10.6**）や将来の処分

第10章 埋立浸出水処理設備の概要

場計画に反映させるための貴重な資料にもなる。

表 10.6 モニタリング項目と設備＜文献 10-9＞

項 目	目 的	方 法
搬入ごみ	許可された廃棄物以外のものが搬入されないため	・荷台の目視　・抜き取り検査 ・搬入量、質　・荷下ろし後目視
埋立ごみ	沈下による分解・安定状況の確認	・沈下板を設置し、定期的に計測する
浸出水 放流水	水質、水量の経時変化を観測し、適正な浸出水処理を行う	・雨量計の設置・浸出水量、放流量 ・水質分析
地下水	遮水工損壊等による地下水汚染を防ぐ	・漏水検知システム ・地下水集排水施設の水質分析 ・モニタリング用井戸の設置
ガス	埋立ごみの分解状況の確認	・ガス分析
埋立地	外部の人の無断立入防止、安全確認	・ITVによる監視　・パトロール

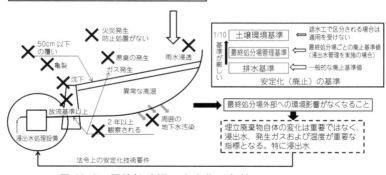

図 10.6　最終処分場の安定化の条件＜文献 10-10＞

第11章

低炭素・循環型社会への貢献
〜水処理は資源の宝庫〜

- 11.1 水処理施設で発生する「資源」
- 11.2 処理水の有効利用
- 11.3 汚泥の有効利用
- 11.4 汚泥のエネルギー利用
- 11.5 その他のエネルギーの有効利用
- 11.6 有効成分の回収

11.1 水処理施設で発生する「資源」

　山紫水明が賛美される日本の風土において、年平均降水量は、約1 800 mmと世界の年平均降水量約750 mmの約2倍となっている。しかし、降水量が水資源の重要な位置を占めてはいるものの、わが国の水の需給は、必ずしも十分余裕のあるものとはいえない。国土交通省の「全国総合水資源計画」によれば、平成22～27年における水需給の見通しは、需要合計量325億m^3／年、供給量370億m^3／年となっており、一応均衡はとれているが、都市域では、需給の均衡が危惧される。一方、汚水処理の普及率は、平成24年度末で88％にまで伸びており、下水処理場から放流される下水処理水は、年間約150億m^3である。おおむね、下水道は水の需要が多い都市域で普及率が高く、下水処理水は貴重な資源となりうる。生活用水の20～30％は上水のような水質を必要としない中水道程度の水質で十分賄うことができる。このため下水処理水の有効利用およびリサイクルが、より広く図られつつある（**図11.1**）。

　一般的に、汚水処理は低コストで処理効率の良い生物学的処理が採用される場合が多いが、生物学的処理においては、汚水から転換した有機質に富む活性汚泥が、余剰汚泥として発生する。通常、この余剰汚泥は脱水処理が施され、廃棄物として処分されている。汚水処理の中で下水道を例にとれば、平成23年で、発生汚泥固形物量は、年間約220万トンに達している。汚泥中には様々な有用物質が含有されており、有機物はバイオマスとしてエネルギー源等に利用できるほか、資源としての枯渇が危惧されていているリンをはじめとして各種の物質がある。

　このように汚水からの処理水、さらに、その処理過程から発生する汚泥を資源・エネルギー源としてとらえ、汚水処理における有効利用、リサイクルを循環型システムの中に調和を取りながら織り込んでいく動きが重要である（**図11.1.2**）。

第 11 章　低炭素・循環型社会への貢献

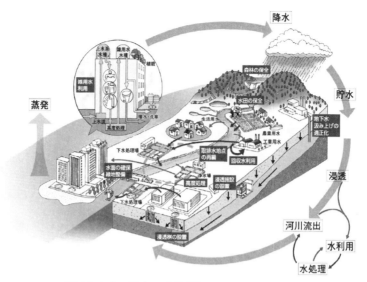

図 11.1.1　日本の水資源＜文献 11-1＞

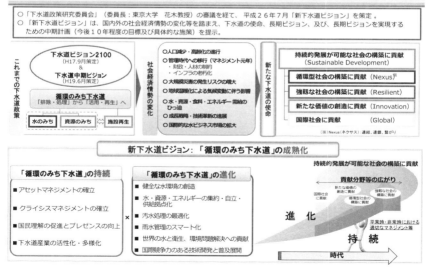

図 11.1.2　新下水道ビジョン＜文献 11-2＞

11.2 処理水の有効利用

有効利用によるメリット　汚水の処理水の有効利用がもたらすメリットとしては、都市を中心とした水需給の均衡におけるゆとり、河川・湖沼・海域等公共用水域に対する汚濁負荷の軽減、**修景用水**等に再利用することによる都市のアメニティ向上等が考えられる。

有効利用の条件　処理水の有効利用を図っていくためには、いくつかの条件が求められる。第一に、再利用される処理水の水質については、衛生上の安全性、外観上の清澄感等が求められ、そのためには通常の処理の他により高度な処理を必要とする場合が生じる。次に、処理水を有効利用する場合、その地域における水環境、水の需給等に対する調和、経済性を十分検討しなければならない。

有効利用の方式　処理水の有効利用方式を大別すると直接利用である閉鎖循環方式と、間接利用である開放循環方式とがある。直接利用とは、処理水を直接的に利用するものであり、間接利用とは、処理水を河川に放流し、下流で利用するものである。現在、わが国での利用実態としては、大部分が直接利用である。

有効利用の状況　国土交通省は下水処理水の用途別利用状況を**図11.2**、**表11.2**のように報告している。水洗便所用水が36か所、洗浄用水が64か所、工業用水が6か所、冷却用水が22か所、希釈用水が16か所、農業用水が17か所、環境用水が61か所、植樹帯散水用水が71か所、融雪用水が13か所等が有効利用として稼働している。ここで環境用水には修景用水、親水用水等があり、アメニティ空間の創出が増大している。また、水資源の一環として中水道、上水の水源等にも利用されている。最近、下水もしくは処理水の持つ熱エネルギーに注目した有効利用がなされている。これはヒートポンプ（11.5に用語解説）を用いて、下水もしくは処理水の熱エネルギーを夏は冷房に、冬は暖房に利用するものである。冷暖房の対象としては、現状では、場内施設が中心であるが、地域冷暖房にまで拡大したものもある。

有効利用のための高度処理　有効利用には、通常、2次処理水を水源とし、これに高度処理を施す場合が多い。高度処理としては、処理性能、維持管理性、経済性を十分検討したうえで、より高度な処理、急速ろ過、活性炭吸着、オゾン酸化、膜分離等が用いられている。

第 11 章　低炭素・循環型社会への貢献

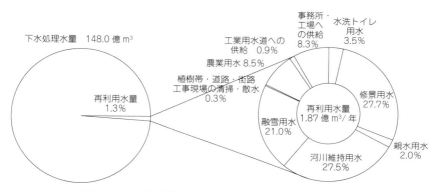

図 11.2　下水再生水用の途別利用状況 ＜文献 11-3＞

表 11.2　下水再生水用途別利用状況 ＜文献 11-4＞

再利用用途	処理場数	再利用量 (万m³/年)	代表事例 処理場名	再利用量 (m³/日)	利用先
水洗便所用水	36	353	東京都落合処理場	3,001	西新宿および中野坂上地区のビル
洗浄用水	64	784	東京都芝浦水処理センター	235	JR東日本㈱
工業用水	6	889	名古屋市千年下水処理場	16,033	名古屋市水道局
冷却用水	22	489	宇部市東部浄化センター	139	塵芥焼却場
希釈用水	16	450	呉市広浄化センター	2,350	し尿処理場
農業用水	17	1,619	熊本市中部浄化センター	35,447	土地改良区　水田
環境用水	61	6,123	東京都玉川上流水処理場	28,398	野火止用水等
植樹帯散水	71	153	大阪府高槻処理場	1,555	処理場周辺緑地、街路樹灌水用
融雪用水	22	1,935	青森市八重田浄化センター	2,400	旧陸羽街道他
その他	46	344	東京都森ケ崎水処理センター	27	東京都港湾局　防塵用

用語解説

① **修景用水**：下水の処理水を水源として、都市空間にせせらぎ等の水辺を創り出すことが各地で行われている。修景用水は下水処理水をオゾン処理し、消毒効果や脱臭、脱色処理される場合が多い。

11.3 汚泥の有効利用

　汚泥の有効利用は、緑農地利用、土木建設資材利用等の物質としての利用およびエネルギー利用に大別される。以下に有機物を含む汚泥の有効利用について示す。下水汚泥発生量とリサイクル率の推移を図11.3に示す。1990年代前半までは、下水汚泥は埋立処分が一般的であり、有効利用としては主にコンポスト等の緑農地利用が主であった。1996年に下水道法が改正され、廃棄物最終処分場の逼迫を背景に汚泥減量化がすすめられ、セメント原料化を中心にリサイクル量が急激に増加した。

　汚泥焼却後の焼却灰も土木建設資材として利用される場合が多い。焼却灰については、脱水汚泥の種類によって用途が分かれている。石灰系とは、無機系汚泥であり、脱水助剤に消石灰を用いるもので、通常は塩化第二鉄と併用する。高分子系とは、有機汚泥であり有機系高分子凝集剤を用いて脱水するもので、消石灰による増量がない等の理由によって、近年、主流となっている。灰の用途としてはセメント原料として利用、工事用の埋戻し材に利用している例がある。脱水汚泥の種類以外に焼却炉の形式によっても用途が異なる。例えば、流動焼却炉の灰は、パウダー状であるのでブロックやレンガ等の二次加工品に利用しやすい。階段式ストーカー炉の灰は塊状で転圧がきき、透水性や保水性に優れているので、無加工で路盤材等に利用できる。いずれにせよ需要と供給のバランスや流通ルートの確立、品質の安定化等を行う必要がある。また、重金属の含有量や溶出基準を順守することも必要である。

　緑農地利用　下水汚泥には有機分をはじめとして窒素、リン、カリウム等の有用成分が含まれており、肥料や土壌改良材に好適である。脱水汚泥を焼却せずにコンポスト化、あるいは乾燥させて用いる場合が多い。

　以下に下水汚泥を肥料として使用する場合の主な留意点を列挙する。

①関係法令や基準に準拠する。品質関係では「肥料の品質の確保等に関する法律」で下水汚泥肥料は普通肥料に指定され、カドミウムや水銀などの有害重金属について含有量の基準値が定められている。肥料の登録にあたっては、定められた肥料成分の分析や、栽培試験により発芽や育成の異常症状がないことを確認する必要がある。

②肥料として利用しない季節における保管場所の確保や品質の維持、あるいは堆肥化以外の利用用途や処理・処分をあらかじめ策定しておく。

第11章　低炭素・循環型社会への貢献

土木建設資材利用

脱水汚泥や乾燥汚泥をセメント資源化して利用する。セメントの品質に影響を及ぼす汚泥成分としてリン、塩素、アルカリ量、重金属がある。受け取り側のセメント工場と事前に量的、質的な事項について入念な確認が必要である。

汚泥焼却処理後の焼却灰も土木建設資材として利用される場合が多い。

焼却灰については、脱水汚泥の種類によって、用途が分かれている。石灰系とは、無機系汚泥であり、脱水助剤に消石灰を用いるもので、通常は塩化第二鉄と併用する。高分子系とは、有機系汚泥であり、有機系高分子凝集剤を用いて脱水するもので、消石灰による増量がない等の理由によって、近年、主流となっている。灰の用途として、**図11.3** 以外に、工事用の埋戻し材に利用している例や、セメントに利用している例等がある。脱水汚泥の種類以外に、焼却炉の形式によっても用途が異なる。たとえば、流動焼却炉の灰は、パウダー状であるのでブロックやレンガ等の二次加工品に利用しやすい。階段式ストーカ炉の灰は塊状で転圧がきき、透水性や保水性に優れているので、無加工で路床材、路盤材等に利用できる。溶融スラグは、**図11.3** のように主に土木建設資材に利用されている。いずれにせよ、需要と供給のバランスや、流通ルートの確立、品質の安定化等を行う必要がある。また、重金属の含有量や溶出基準を遵守することも必要である。

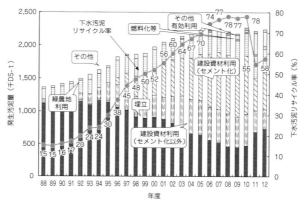

図11.3　下水汚泥発生量（固形物量）とリサイクル率の推移 ＜文献11-5＞

11.4 汚泥のエネルギー利用

　下水汚泥は、下水道において人間生活に伴い必ず発生する量、質ともに安定したバイオマスであり、収集の必要がない集約型でエネルギーの需要地である都市部で発生するという特徴を有する。このため、バイオマスエネルギーとしての利用価値が高く、エネルギーとしての利用が進められている。ただし、**図11.4.1**に示すように現状ではバイオマスとしての利用率は低い。

メタン発酵　汚泥の減量化、安定化を目的とした汚泥消化処理は、かなり以前から用いられており、消化の過程でメタンを主成分とする消化ガスが発生する。この消化ガスは、自らの消化システムの加熱源として使われてきた。近年、消化処理において汚泥の基質の変化、高濃度消化機械撹拌による消化効率の向上等から、投入汚泥量当たりの発生消化ガスが増大してくるようになったため、消化ガスを用いた発電システムの導入が進められている。発電方式としては、ガスエンジン、**燃料電池**等が用いられる。

燃料化　下水汚泥は固形分中の8割以上が有機物であり、これをエネルギー化する意義は大きい。しかし、下水汚泥は脱水後でも含水率が約80％あり、そのままでは発熱量が低く燃料としての価値は低い。そこで脱水汚泥を乾燥あるいは炭化して燃料として利用可能な形状とし、火力発電所等に持ち込んで、石炭等の燃料と混焼させることによりエネルギー化するものである。温暖化ガス排出量を大幅に低減できる、最終処分が不要になる等の長所がある一方で、下水処理場では乾燥や炭化のための化石燃料が多量に必要となる等、留意が必要である。

焼却発電　下水汚泥は減容化、衛生処理等の観点から焼却処理されている場合が多い。一方、近年は小型蒸気発電機やバイナリー発電機が上市され、さらに脱水汚泥の含水率を低下させることにより焼却工程から熱を回収して発電を行うことも可能となっている。

　また国土交通省は、民間企業が開発した新技術（パイロットプラント規模）を実規模で自治体の下水処理場に施設を設置し、実証を行うB-DASHプロジェクト（**図11.4.2**）を平成23年より実施している。平成26年度までに7件のテーマを選定し実証試験を行っている。このうち、汚泥のエネルギー利用は、①バイオガス回収・精製・発電・固液分離、②下水汚泥の固形燃料化、③バイオマス発電、④水素創出の4件である。

第 11 章　低炭素・循環型社会への貢献

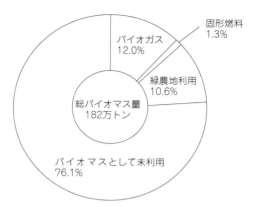

図 11.4.1　下水道バイオマス利用状況(2012 年度)＜文献 11-6＞

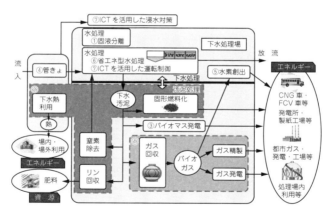

図 11.4.2　下水道におけるエネルギーの有効利用＜文献 11-7＞

　用語解説

①**燃料電池**：水の電気分解と反対に電解質の中で陰極に水素ガス、陽極に酸素ガスを吹き込み両極に電流が生じ、電池となる。陰極に用いられる水素ガスの原料には燃料価値を有するメタンガス等が用いられる。

193

11.5 その他のエネルギーの有効利用

前項では汚泥のエネルギー利用について述べたが、ここでは汚水・汚泥の熱エネルギーに焦点をあてた有効利用について説明する。

下水・処理水の熱エネルギーをヒートポンプの熱源とした有効利用

一般的に、下水およびその処理水の年間を通じての温度変化は夏期は25℃以下、冬期は10℃以上と大気と比べ、夏は冷たく冬は暖かい。このことから下水処理水がヒートポンプを用いた冷暖房システムに大気より有利であることがわかる。**図11.5.1**に、この**ヒートポンプ**を用いた冷暖房システムを示す。

このシステムの特徴は、処理水が年間を通じて量的にも熱的にも安定した熱源であり、熱源に化石燃料を必要としないため、排ガスからの大気汚染、熱放出等の恐れがなく、運転経費が30～50%低減できる等があげられる。

現在、わが国でこうした下水および処理水を利用した冷暖房設備は、約十数か所で稼働しており、下水処理場内の冷暖房設備や地域冷暖房において、省エネルギー効果をもたらしている。

近年、管路内に更生工事と同時に熱交換器を設置することで、コスト削減やエネルギー消費量を削減するシステムが開発されている（**図11.5.2**）。

第11章　低炭素・循環型社会への貢献

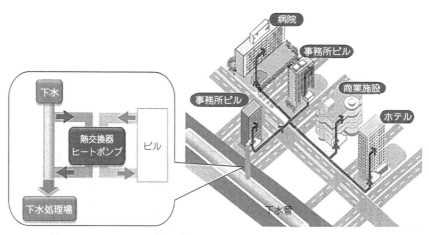

図 11.5.1　ヒートポンプを用いた冷暖房システム＜文献 11-8＞

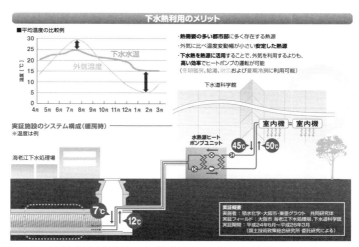

図 11.5.2　管路内設置型熱回収技術を用いた下水熱利用に関する実証事業
（国土交通省　B-DASH プロジェクト）＜文献 11-9＞

用語解説

①**ヒートポンプ**：熱を低温の物体から高温の物体に移す装置であり、熱の移動には力学的な仕事を必要とする。

195

11.6 有効成分の回収

リンの回収　生活排水、工場排水等の汚水からの有効成分の回収として注目されているものに、リン資源回収システムがある。

　リンは肥料原料として重要な物質であるが、わが国の産出量はほとんどなく、リン鉱石の輸入に頼っている。図 11.6.1 に示すように、わが国に入ってきたリンは、生産と消費により、環境の中に拡散され、河川、湖沼、海域、土壌へと分散し、環境汚染の一因となる。下水に含まれるリンも、かなり寄与となるために、下水からのリンの回収は環境保全と資源確保の両面から重要である。

　リン回収フロー例を図 11.6.2 に示す。下水処理過程において、大部分のリンは汚泥へ移行する。消化を行う場合は、消化槽でリンが汚泥から液中に移行し回収対象としやすい。消化脱離液からは、リンをリン酸マグネシウム MAP（Magnesium Ammonia Phosphate）として回収することが一般的である。

　一方、消化がなく焼却される場合、リンは焼却灰に濃縮される。この焼却灰からリンを回収することも試みられている。

その他の資源化技術　その他の資源化技術としては、長野県で金を回収して再利用している例がある。また、汚泥を生分解プラスチックやバイオポリマー（高分子凝集剤等）の原料とすること等が試みられている。

第 11 章 低炭素・循環型社会への貢献

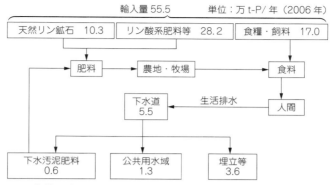

図 11.6.1 農業・食品に係る我が国へのリン輸入量と排出量 ＜文献 11-10＞

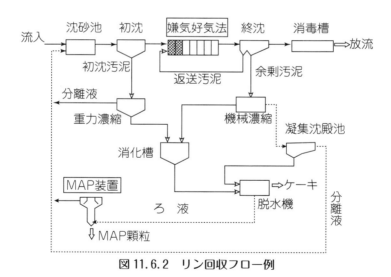

図 11.6.2 リン回収フロー例

水質と関連法規
〜水の羅針盤〜

- 12.1 水質の表示・計量に関する基本事項
- 12.2 分析の方法
- 12.3 環境基準：人の健康に係わる水質項目
- 12.4 環境基準：生活環境に係わる水質項目
- 12.5 環境基準項目の後続グループ
- 12.6 水質汚濁防止法
- 12.7 下水道法
- 12.8 最近問題となっている水質

12.1 水質の表示・計量に関する基本事項

濃度の表示

水質汚濁物質の濃度を表すのに、一般に使用されているのは、水1リットル中に含まれる物質の重量（mg/L）で表示する。この他に比率表示（ppm）をしている場合もよくみられるが、これは汚濁物質が、水の中にどれくらいの割合で入っているかを表している（**表12.1.1**）。

　　濃度：1 mg/L：水1リットル中に1 mgの汚濁物質を含む
　　比率：1 ppm：水1 kg中に1 mgの汚濁物質を含む

流量の測定

排水に関する規制は、これまで濃度規制が主であったが、環境汚染面よりみると汚染物質の総量を知ることが大切であり、流量の測定は、非常に重要な要素となる。

流量の測定方法

流量の測定は水量、測定精度、水路の状況等を考慮して、最適な方法で行う必要がある。測定方法には、次のようなものがある。

①容器による測定：流水を適当な大きさの容器に受け、同時にストップウォッチを押し、満水になるまでの時間を測定する。

②せきによる測定：決められた形状のせき板を水路に取り付けてせきを造り、せきを流れる水のせき板上流の水位より、せきを流下する水の水頭を図り流量を算出する。せきには三角せき、四角せき、全幅せき等があり、流量、排水溝の形状などを考慮し、最適なものを使用する（**図12.1**）。

③流量計による測定：水路または管路に流量計を設置して流量を自動計測する。開水路用には、せき式、パーシャルフリューム式、管路用には、電磁流量計、オリフィス式、ベンチュリ管式、フロート型面積式、羽根車式、容積式等がある。

第12章 水質と関連法規

表12.1.1 比率及び濃度の単位

比率の単位	
比率の名称	記号
質量100分率	wt %
質量100万分率	wt ppm
質量10億分率	wt ppb
質量1兆分率	wt ppt

濃度の単位	
mg/L	10^{-3} g/L
μg/L	10^{-6} g/L
ng/L	10^{-9} g/L
pg/L	10^{-12} g/L

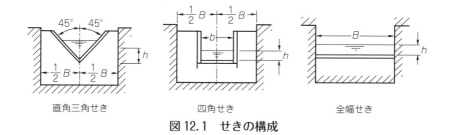

図12.1 せきの構成

表12.1.2 せきで測定できる流量範囲の一例

せきの形式	幅 $B \times b$ (m)	水頭範囲 h (m)	流量範囲 Q (m^3/s)
90度三角	0.60	0.070〜0.200	0.0018〜0.025
90度三角	0.80	0.070〜0.26	0.0018〜0.048
四　　角	0.9×0.36	0.030〜0.270	0.0035〜0.092
四　　角	1.2×0.48	0.030〜0.312	0.0047〜0.15
全　　幅	0.6	0.030〜0.150	0.006〜0.067
全　　幅	1.5	0.030〜0.375	0.015〜0.7
全　　幅	3.0	0.030〜0.750	0.03〜3.95
全　　幅	8.0	0.030〜0.800	0.08〜11.18

用語解説

①パーシャルフリューム：水路中に幅を狭めたスロート部を設け、その上流、下流の水位差を測って、流量を知るもので、損失水頭が、せきに比べて小さい特徴がある。

12.2 分析の方法

試料の採取　①採水容器：一般にポリエチレン瓶、ガラス瓶が使用されている。ポリエチレン瓶は、試料中の懸濁物、りん化合物、有機物、重金属元素などを吸着する傾向がある。ガラス瓶は、試料の保存中にナトリウム、カリウム、ホウ素、シリカ、アルミニウムなどがわずかに溶出してくる。目的に応じて容器を選定することが必要である。

②試料の保存：採取した試料は直ちに試験することが望ましいが、通常試験するまでに数日を要する。この間の水質の変化を抑えるため冷蔵等の保存処理を行う（**表 12.2.1**）。

分析方法　分析には（**表 12.2.2**）に示す方法があり、それらの留意点は次の通りである。

①重量分析：天秤で重量測定して濃度を求めるため、高濃度であることと対象成分を完全に分離できることが必要である。

②容量分析：化学反応を利用した方法であり、化学反応の種類により中和滴定、酸化還元滴定、沈殿滴定等がある。対象物質と瞬時に反応し反応の終点が明瞭であることが必要である。

③機器分析

≪吸光光度分析≫　対象物質とのみ発色する条件と発色試薬が必要であるが発色条件の設定が難しい。

≪原子吸光光度分析≫　原子吸光法は感度が高く測定操作も簡単なため、金属元素の分析によく使われている。しかし、金属元素の種類ごとに専用のランプが必要であり、多種類の元素の分析をする場合は手間がかかる。

≪ICP（Inductively Coupled Plasma）発光分光分析≫　金属元素の分析に使われている。一般的に原子吸光より感度が良い。発光分析であるため、光のスペクトルをくみとることにより、全金属元素を同時に測定することができる。

≪ガスクロマトグラフ分析≫　試料中の各成分を分離カラム内で分離し検出しているが、完全に分離していなければ分析の誤差となる。また、分離カラム内での保持時間で成分を同定しているが、同じ保持時間の他の成分があるときは、成分同定を間違うおそれがある。

≪ガスクロマトグラフ質量分析≫　ガスクロマトグラフの検出部に質量分析計を使用しているため、分離した成分の分子量がわかるので、成分同定もし

やすい。検出感度が良いので、微量分析が可能である。

表 12.2.1 試料容器と保存条件

測定項目	試料容器	保存条件
pH	P,G	保存できない
BOD	P,G	0〜10℃の暗所
COD	P,G	0〜10℃の暗所
TOC,TOD	P,G	0〜10℃の暗所
浮遊物質（懸濁物質）	P,G	0〜10℃の暗所
ヘキサン抽出物質	G（広口）	HCl（HCl 1 + 蒸留水 1）で pH4 以下（メチルオレンジで赤変）
大腸菌群数	G	1〜5℃の暗所，9 時間以内に試験
重金属類	P,G	HNO_3 で pH1
溶解性 Fe,Mn	P,G	試料採取直後にろ紙 5 種 C 又は口径 $1\mu m$ 以下のろ材でろ過，はじめの 50mL は捨てる。HNO_3 で pH1
Cr^{+6}	G	そのままの状態で 0〜10℃の暗所
As	P,G	前処理を要しない時は HCl（無ヒ素）で pH1
フェノール類	G	H_3PO_4 で pH 約 4，$Cu_2SO_4 \cdot 5H_2O$（1g／L 試料）を加え 0〜10℃の暗所
フッ素	P,G	規定なし
全リン	P,G	H_2SO_4 又は HCl で pH2
全窒素	P,G	H_2SO_4 又は HCl で pH2 とし 0〜10℃の暗所
シアン	P	NaOH（200g／L）で pH12, 0〜10℃（残留塩素を含むときはアスコルビン酸で還元した後 NaOH 添加）
有機リン	G	HCl で弱酸性
トリクロロエチレン テトラクロロエチレン	G	0〜10℃の暗所

（注）P：プラスチック容器　G：ガラス容器

表 12.2.2 分析方法

項目	分析方法
①	重量分析 試料溶液中の対象成分を分離し，その成分の質量を計って定量する方法（浮遊物質量，ノルマルヘキサン抽出物質等の分析）
②	容量分析 試料溶液中の対象成分と濃度既知の滴定用溶液との化学反応を利用して定量を行う方法（生物化学的酸素要求量，化学的酸素要求量等の分析）
③	機器分析 ・原子吸光光度分析 　試料を適当な方法で原子蒸気化し，生じた基底状態の原子が，この原子蒸気層を透過する特定波長の光を吸収する現象を利用して光電測光により個々の波長についての吸光度を測定し，試料中の元素濃度を測定する方法（カドミウム，鉛等の金属元素の分析） ・ICP 発光分光分析 　高温の誘導結合プラズマの中に試料を噴霧して，励起した原子による個々の波長の発光強度を測定し試料中の各成分濃度を測定する方法（カドミウム，鉛等の金属元素の分析） ・ガスクロマトグラフ分析 　加熱気化した試料をキャリヤーガスによって分離カラム内で展開させ，各成分に分離しカラム出口に接続した検出器に入る。検出器には対象物質の特性に応じて種々の原理のものが用いられるが，いずれの場合も成分量と一定の関係にある電気信号に変換されデータ処理される。試料をカラムに導入してから検出器で検出されるまでの時間とピーク面積により成分を定性，定量する方法（PCB，有機リン化合物等の分析） ・ガスクロマトグラフ質量分析 　試料をガスクロマトグラフ質量分析計に導入し，ガスクロマトグラフで各成分を分離する。各成分は連続して質量分析計に導入され，イオン源でイオン化された後質量分離部で電場や磁場によって質量数に応じて分離される（トリクロロエチレン，シマジン等の分析）

用語解説

①**基底状態**：ある元素の原子蒸気が光や熱が加えられておらず最低のエネルギーであるとき基底状態にあるという。

12.3 環境基準：人の健康に係わる水質項目

環境基本法 この法律は、環境の保全について基本理念を定め、環境の保全に関する施策の基本となる事項を定めることにより、環境の保全に関する施策を総合的かつ計画的に推進し、もって現在および将来の国民の健康で文化的な生活の確保に寄与するとともに人類の福祉に貢献することを目的とするとうたわれている。

図12.3に環境基本法と水質汚濁防止法の法体系を示す。

環境基準 環境基本法第16条第1項では「政府は、大気の汚染、水質の汚濁、土壌の汚染及び騒音に係る環境上の条件について、それぞれ、人の健康を保護し、及び生活環境を保全する上で維持されることが望ましい基準を定めるものとする」と規定している。水質汚濁に係る環境基準は、この規定に基づき設定されたものである。

水の環境基準は、水質の汚濁の防止対策を実施するにあたり、どの程度に保つことを目標に施策を実施していくかというその目標としての基準である。

人の健康に係わる水質項目 環境基準のうち、人の健康の保護に関する環境基準は、すべての公共用水域について一律に定められており、直ちに達成し維持するようつとめるものとされている。これは昭和46年12月にカドミウム他8項目が告示され、その後、昭和50年にPCBの追加、平成元年にトリクロロエチレン等の追加、シマジン等農薬の追加、平成11年2月に、硝酸性窒素及び亜硝酸性窒素、フッ素、ホウ素の追加を経て、平成21年11月30日に1.4－ジオキサンが追加され、全部で27項目となった（**表12.3**）。

このうち、フッ素、ホウ素については海域において自然状態で、すでに環境基準値を超えていることから、この環境基準は海域には適用されない。

第12章 水質と関連法規

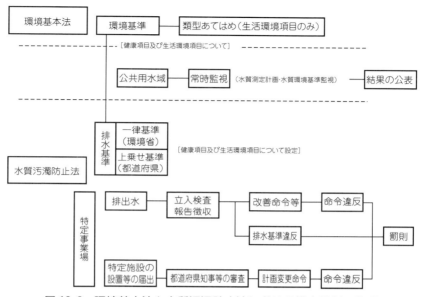

図12.3 環境基本法と水質汚濁防止法における排水規制の体系

表12.3 人の健康の保護に関する環境基準＜文献 12-1＞

項　目	基　準　値	項　目	基　準　値
カドミウム	0.003mg/L以下	シス-1,2-ジクロロエチレン	0.04mg/L以下
全シアン	検出されないこと	1,1,1-トリクロロエタン	1mg/L以下
鉛	0.01mg/L以下	1,1,2-トリクロロエタン	0.006mg/L以下
六価クロム	0.02mg/L以下	1,3-ジクロロプロペン	0.002mg/L以下
ヒ素	0.01mg/L以下	チウラム	0.006mg/L以下
総水銀	0.0005mg/L以下	シマジン	0.003mg/L以下
アルキル水銀	検出されないこと	チオベンカルブ	0.02mg/L以下
PCB	検出されないこと	ベンゼン	0.01mg/L以下
トリクロロエチレン	0.03mg/L以下	セレン	0.01mg/L以下
テトラクロロエチレン	0.01mg/L以下	フッ素	0.8mg/L以下
ジクロロメタン	0.02mg/L以下	ホウ素	1mg/L以下
四塩化炭素	0.002mg/L以下	硝酸性窒素及び亜硝酸性窒素	10mg/L以下
1,2-ジクロロエタン	0.004mg/L以下	1,4-ジオキサン	0.05mg/L以下
1,1-ジクロロエチレン	0.1mg/L以下		

12.4　環境基準：生活環境に係わる水質項目

生活環境に係わる水質項目

　環境基準のうち生活環境に係わる環境基準は河川、湖沼、海域ごとに利用目的等に応じて、それぞれ水域類型の指定が行われ、各水域ごとに達成期間を示して、その達成、維持を図ることとされている。すなわち、水質汚濁の防止を図る必要のある公共用水域を対象として、各水域ごとに類型をあてはめていく方式である。各公共用水域が該当する水域類型の指定は「環境基準に係る水域及び地域の指定権限の委任に関する政令」に基づき環境大臣もしくは都道府県知事が行うことになっている。

①河川の環境基準：河川の環境基準は、水素イオン濃度、生物化学的酸素要求量、浮遊物質、溶存酸素、大腸菌数、全亜鉛の6項目について定められており、水域類型は水素イオン濃度以下5項目に関する環境基準として6区分に（**表12.4.1**）、全亜鉛に関する環境基準は、4区分（**表12.4.2**）にそれぞれ設定されている。

②湖沼の環境基準：湖沼の環境基準は水素イオン濃度、生物化学的酸素要求量、浮遊物質、溶存酸素、大腸菌数、全窒素、全リンの7項目について定められている。

　水域類型は、水素イオン濃度以下5項目に関する環境基準は4区分に（**表12.4.3**）、及び全窒素、全リンに関する環境基準は5区分に（**表12.4.4**）および全亜鉛に関する環境基準は4区分（**表12.4.5**）にそれぞれ設定されている。

③海域の環境基準：海域の環境基準は水素イオン濃度、化学的酸素要求量、溶存酸素、大腸菌数、ノルマルヘキサン抽出物質、全窒素、全リン、全亜鉛の8項目について定められている。水域類型は水素イオン濃度以下5項目に関する環境基準は3区分に（**表12.4.6**）、及び全窒素、全リンに関する環境基準は4区分に（**表12.4.7**）、全亜鉛に関する環境基準は2区分に（**表12.4.8**）それぞれ設定されている。

表12.4.1　河川（湖沼を除く）の環境基準（全亜鉛以外）＜文献 12-2＞

類型	利用目的の適応性	基準値				
		水素イオン濃度（pH）	化学的酸素要求量（BOD）	浮遊物質量（SS）	溶存酸素量（DO）	大腸菌数［90％水質値］
AA	水道1級 自然環境保全及びA以下の欄に掲げるもの	6.5以上 8.5以下	1mg/L以下	25mg/L以下	7.5mg/L以上	20CFU/100mL以下
A	水道2級 水産1級 水浴及びB以下の欄に掲げるもの	6.5以上 8.5以下	2mg/L以下	25mg/L以下	7.5mg/L以上	300CFU/100mL以下
B	水道3級 水産2級 及びC以下の欄に掲げるもの	6.5以上 8.5以下	3mg/L以下	25mg/L以下	5.0mg/L以上	1,000CFU/100mL以下
C	水産3級 工業用水1級 及びD以下の欄に掲げるもの	6.5以上 8.5以下	5mg/L以下	50mg/L以下	5.0mg/L以上	—
D	工業用水2級 農業用水 及びE以下の欄に掲げるもの	6.0以上 8.5以下	8mg/L以下	100mg/L以下	2.0mg/L以上	—
E	工業用水3級 環境保全	6.0以上 8.5以下	10mg/L以下	ごみ等の浮遊が認められないこと	2.0mg/L以上	—

備　考
1　基準値は、日間平均値とする（湖沼、海域もこれに準ずる）。ただし、大腸菌数に係る基準値については、90％水質値（年間の日間平均値の全データをその値の小さいものから順に並べた際の0.9×n番目（nは日間平均値のデータ数）のデータ値（0.9×nが整数でない場合は端数を切り上げた整数番目の値をとる））とする。
2　農業用利水点については、水素イオン濃度6.0以上7.5以下、溶存酸素量5mg/L以上とする（湖沼、海域もこれに準ずる）。

（注）
1　自然環境保全：自然探勝等の環境保全
2　水　道　1　級：ろ過等による簡易な浄水操作を行うもの
　　水　道　2　級：沈殿ろ過等による通常の浄水操作を行うもの
　　水　道　3　級：前処理等を伴う高度の浄水操作を行うもの
3　水　産　1　級：ヤマメ、イワナ等貧腐水性水域の水産生物用並びに水産2級及び水産3級の水産生物用
　　水　産　2　級：サケ科魚類及びアユ等貧腐水性水域の水産生物用及び水産3級の水産生物用
　　水　産　3　級：コイ、フナ等、β-中腐水性水域の水産生物用
4　工業用水1級：沈殿等による通常の浄水操作を行うもの
　　工業用水2級：薬品注入等による高度の浄水操作を行うもの
　　工業用水3級：特殊な浄水操作を行うもの
5　環　境　保　全：国民の日常生活（沿岸の遊歩等を含む）において不快感を生じない限度

用語解説

①CFU：コロニー形成単位（Colony Forming Unit）。大腸菌を培地で培養し、発育したコロニー数を数えることで算出する。

表12.4.2 河川（湖沼を除く）の全亜鉛に関する環境基準 <文献 12-3>

類 型	水生生物の生息状況の適応性	基準値（全亜鉛）
生物A	イワナ、サケマス等比較的低温域を好む水生生物及びこれらの餌生物が生息する水域	0.03mg/L 以下
生物特A	生物Aの水域のうち、生物Aの欄に掲げる水生生物の産卵場（繁殖場）又は幼稚仔の生育場として特に保全が必要な水域	0.03mg/L 以下
生物B	コイ、フナ等比較的高温域を好む水生生物及びこれらの餌生物が生息する水域	0.03mg/L 以下
生物特B	生物A又は生物Bの水域のうち、生物Bの欄に掲げる水生生物の産卵場（繁殖場）又は幼稚仔の生育場として特に保全が必要な水域	0.03mg/L 以下

備 考
1 基準値は、年間平均値とする。（湖沼、海域もこれに準ずる）

表12.4.3 湖沼のpH等に関する環境基準 <文献 12-4>

（天然湖沼及び貯水量1000万 m^3 以上の人口湖）

類 型	利用目的の適応性	基 準 値				
		水素イオン濃度（pH）	化学的酸素要求量（BOD）	浮遊物質量（SS）	溶存酸素量（DO）	大腸菌数[90％水質値]
AA	水道1級 水産1級 自然循環保全及びA以下の欄に掲げるもの	6.5以上 8.5以下	1mg/L 以下	1mg/L 以下	7.5mg/L以上	20CFU/100mL以下
A	水道2, 3級 水産2級 水浴及びB以下の欄に掲げるもの	6.5以上 8.5以下	3mg/L 以下	5mg/L 以下	7.5mg/L以上	300CFU/100mL以下
B	水産3級 工業用水1級 農業用水及びCの欄に掲げるもの	6.5以上 8.5以下	5mg/L 以下	15mg/L 以下	5.0mg/L以上	―
C	工業用水2級 環境保全	6.0以上 8.5以下	8mg/L 以下	ごみ等の浮遊が認められないこと	2.0mg/L以上	―

備 考
水産1、2、3級については、当分の間、浮遊物質量の項目の基準値は適用しない。

（注）
1 自然環境保全：自然探勝等の環境保全
2 水 道 1 級：ろ過等による簡易な浄水操作を行うもの
  水 道 2,3級：沈殿ろ過等による通常の浄水操作、または、前処理等を伴う高度の浄水操作を行うもの
3 水 産 1 級：ヒメマス等貧栄養湖型の水域の水産生物用並びに水産2級及び水産3級の生物用
  水 産 2 級：サケ科魚類及びアユ等貧栄養湖型の水域の水産生物用及び水産3級の水産生物
  水 産 3 級：コイ、フナ等富栄養湖型の水域の水産生物用
4 工業用水1級：沈殿等による通常の浄水操作を行うもの
  工業用水2級：薬品注入等による高度の浄水操作、又は、特殊な浄水操作を行うもの
5 環 境 保 全：国民の日常生活（沿岸の遊歩等を含む）において不快感を生じない限度

表12.4.4　湖沼の全窒素・全リンに関する環境基準 ＜文献 12-5＞

類型	利用目的の適応性	基準値	
		全窒素	全リン
I	自然環境保全及びⅡ以下の欄に掲げるもの	0.1mg/L 以下	0.005mg/L 以下
II	水道1、2、3級（特殊なものを除く） 水産1種、水浴及びⅢ以下の欄に掲げるもの	0.2mg/L 以下	0.01mg/L 以下
III	水道3級（特殊なもの）及びⅣ以下の欄に掲げるもの	0.4mg/L 以下	0.03mg/L 以下
IV	水産2種及びⅤの欄に掲げるもの	0.6mg/L 以下	0.05mg/L 以下
V	水産3種、工業用水、農業用水　環境保全	1mg/L 以下	0.1mg/L 以下

備　考
1　基準値は年間平均値とする。
2　水域類型の指定は、湖沼植物プランクトンの著しい増殖を生ずる恐れがある湖沼について行うものとし、全窒素の基準値は、全窒素が湖沼植物プランクトンの増殖の要因となる湖沼について適用する。
3　農業用水については、全リンの基準値は適用しない。

（注）
1　自然環境保全：自然探勝等の環境保全
2　水　道　1　級：ろ過等による簡易な浄水操作を行うもの
　　水　道　2　級：沈殿ろ過等による通常の浄水操作を行うもの
　　水　道　3　級：前処理等を伴う高度の浄水操作を行うもの（「特殊なもの」とは、臭気物質の除去が可能な浄水操作を行うものをいう）
3　水　産　1　種：サケ科魚類及びアユ等貧栄養湖型の水域の水産生物用及び水産2、3種の水産生物用
　　水　産　2　種：ワカサギ等の水産生物用及び水産3種の水産生物用
　　水　産　3　種：コイ、フナ等の水産生物用
4　環　境　保　全：国民の日常生活（沿岸の遊歩等を含む）において不快感を生じない限度

表12.4.5　湖沼の全亜鉛に関する環境基準 ＜文献 12-6＞

類型	水生生物	基準値
		全亜鉛
生物A	イワナ、サケマス等比較的低温域を好む水生生物及びこれらの餌生物が生息する水域	0.03mg/L 以下
生物特A	生物Aの水域のうち、生物Aの欄に掲げる水生生物の産卵場（繁殖場）又は幼稚仔の生育場として特に保全が必要な水域	0.03mg/L 以下
生物B	コイ、フナ等比較的高温域を好む水生生物及びこれらの餌生物が生息する水域	0.03mg/L 以下
生物特B	生物A又は生物Bの水域のうち、生物Bの欄に掲げる水生生物の産卵場（繁殖場）又は幼稚仔の生育場として特に保全が必要な水域	0.03mg/L 以下

表 12.4.6　海域の pH 等に関する環境基準 <文献 12-7>

類型	利用目的の適応性	基準値				
		水素イオン濃度 (pH)	化学的酸素要求量 (COD)	溶存酸素量 (DO)	大腸菌数 [90%水質値]	n-ヘキサン抽出物質（油分等）
A	水産1級 水浴 自然環境保全及びB以下の欄に掲げるもの	7.8以上 8.3以下	2mg/L 以下	7.5mg/L 以上	300CFU/100mL 以下	検出されないこと
B	水産2級 工業用水及びCの欄に掲げるもの	7.8以上 8.3以下	3mg/L 以下	5.0mg/L 以上	－	検出されないこと
C	環境保全	7.0以上 8.3以下	8mg/L 以下	2.0mg/L 以上	－	－

備考
　水産1級のうち、生食用原料カキの養殖の利水点については、大腸菌群数 70MPN/100mL 以下とする。

（注）
1　自然環境保全：自然探勝等の環境保全
2　水　産　1　級：マダイ、ブリ、ワカメ等の水産生物用及び水産2級の水産生物用
　　水　産　2　級：ボラ、ノリ等の水産生物用
3　環　境　保　全：国民の日常生活（沿岸の遊歩等を含む）において不快感を生じない限度

表 12.4.7　海域の全窒素・全リンに関する環境基準 <文献 12-8>

類型	利用目的の適応性	基準値	
		全窒素	全リン
I	自然循環保全及びII以下の欄に掲げるもの （水産2種及び3種を除く）	0.2mg/L 以下	0.02mg/L 以下
II	水産1種 水浴及びIII以下の欄に掲げるもの （水産2種及び3種を除く）	0.3mg/L 以下	0.03mg/L 以下
III	水産2種及びIV以下の欄に掲げるもの （水産3種を除く）	0.6mg/L 以下	0.05mg/L 以下
IV	水産3種 工業用水 生物生息環境保全	1.0mg/L 以下	0.09mg/L 以下

備　考
1　基準値は年間平均値とする。
2　水域類型の指定は、海洋植物プランクトンの著しい増加を生ずる恐れがある海域について行うものとする。

（注）
1　自然環境保全：自然探勝等の環境保全
2　水　産　1　種：生魚介類を含めたような水産生物がバランスよく、かつ、安定して捕獲される
　　水　産　2　種：一部の底生魚介類を除き、魚類を中心とした水産生物が多獲される
　　水　産　3　種：汚染に強い特定の水産生物が主に捕獲される
3　生物生息環境保全：年間を通して底生生物が生息できる限度

表12.4.8　海域の全亜鉛に関する環境基準 <文献 12-9>

類型	水生生物の生息状況の適応性	基準値 全亜鉛
生物A	水生生物の生息する海域	0.02mg/L 以下
生物特A	生物Aの水域のうち、水生生物の産卵場（繁殖場）又は幼稚仔の生育場として特に保全が必要な水域	0.01mg/L 以下

12.5 環境基準項目の後続グループ

要監視項目　環境省では、先に述べた環境基準項目とは別に、「要監視項目」と名付けた環境基準項目の後続グループが存在する。

　これは人の健康の保護に関連する物質ではあるが、公共用水域等における検出状況等からみて現時点では直ちに環境基準項目とはせず、引き続き知見の集積に努めるべきと判断されるものについては、「要監視項目」として位置づけ、継続して公共用水域等の水質測定を行い、その推移を把握していくこととし、26物質が設定されている（**表12.5**）。

　この中でニッケルは、毒性評価が不確定であるため指針値は削除されているが、ある程度の毒性があることはわかっているため、監視は続けることになっている。

その他要調査項目　水環境を経由して人の健康や生態系に有害な影響を与えるおそれ（以下「環境リスク」という）はあるものの比較的大きくはない、または「環境リスク」は不明であるが、環境中での検出状況や複合影響等の観点から見て、「環境リスク」に関する知見の集積が必要な物質（物質群を含む）として平成10年6月に300項目が選定された（平成26年3月より208項目）。これらについて、環境省によって継続的にデータ収集が続けられており、環境省HPにて年度ごとに収集されたデータが公表されている。

第12章　水質と関連法規

表12.5　要監視項目及び指針値（公共用水域）＜文献 12-10＞

項　目	指針値	項　目	指針値
クロロホルム	0.06 mg/L 以下	イプロベンホス（IBP）	0.008 mg/L 以下
トランス-1,2-ジクロロエチレン	0.04 mg/L 以下	クロルニトロフェン（CNP）	－　＊1
1,2-ジクロロプロパン	0.06 mg/L 以下	トルエン	0.6 mg/L 以下
p-ジクロロベンゼン	0.2 mg/L 以下	キシレン	0.4 mg/L 以下
イソキサチオン	0.008 mg/L 以下	フタル酸ジエチルヘキシル	0.06 mg/L 以下
ダイアジノン	0.005 mg/L 以下	ニッケル	－　＊2
フェニトロチオン（MEP）	0.003 mg/L 以下	モリブデン	0.07 mg/L 以下
イソプロチオラン	0.04 mg/L 以下	アンチモン	0.02 mg/L 以下
オキシン銅（有機銅）	0.04 mg/L 以下	塩化ビニルモノマー	0.002 mg/L 以下
クロロタロニル（TPN）	0.05 mg/L 以下	エピクロロヒドリン	0.0004 mg/L 以下
プロピザミド	0.008 mg/L 以下	1,4-ジオキサン	0.05 mg/L 以下
EPN	0.006 mg/L 以下	全マンガン	0.2 mg/L 以下
ジクロルボス（DDVP）	0.008 mg/L 以下	ウラン	0.002 mg/L 以下
フェノブカルブ（BPMC）	0.03 mg/L 以下	ペルフルオロオクタンスルホン酸（PFOS）及びペルフルオロオクタン酸（PFOA）	0.00005 mg/L 以下（暫定）＊3

＊1　クロルニトロフェン（CNP）の指針値は、平成6年3月15日付け環水管第43号で削除された
＊2　ニッケルの指針値は、平成11年2月22日付け環告第14号で削除された
＊3　PFOS及びPFOAの指針値（暫定）については、PFOS及びPFOAの合計値とする。

用語解説

① ADI（Acceptable Daily Intake：許容一日摂取量）：ある物質について人が生涯その物質を毎日摂取し続けたとしても、安全性に問題のない量として定められるもので、通常、一日当たり体重1kgあたりの物質量（mg/kg/日）で表されます。ADIは食品添加物、農薬等の安全性指標として用いられています。

12.6 水質汚濁防止法

　水質汚濁防止法は、環境基本法の規定に基づく国の施策の一環としての排水規制を定めたものであり、工場及び事業場から公共用水域に排出される水の排出及び地下に浸透する水の浸透を規制するとともに、生活排水対策の実施を推進すること等により、公共用水域及び地下水の水質汚濁の防止を図り、もって国民の健康を保護し、生活環境を保全するとともに、人の健康に被害があった場合における事業者の損害賠償の責任を定めることにより、被害者の保護を図ることを目的とするものである。

規制対象となる工場、事業場

　水質汚濁防止法で規制の対象となるのは、特定施設を設置している工場、事業場から公共用水域に排出する水及び地下浸透する水である。公共用水域とは、終末処理場を有する公共下水道、流域下水道を除く、すべての公共用水域であり、河川、湖沼、港湾、沿岸海域、その他公共の用に供される水域及びこれに接続する公共溝渠、かんがい用水路である。

　特定施設とは、有害物質または生活環境項目に係る物質を含む廃液を排出する施設であって、政令で定めるものである。現在、政令では約 600 の業種の施設が指定されており、水質汚濁の防止を図るうえで規制する必要のある施設は、ほぼ網羅されている。

排水基準および上乗せ基準

　排水基準は、特定事業場から公共用水域に排出する水の規制を行うにあたって、汚染状態の許容限度を定めたものであり、国が総理府令で定め、一律に適用される基準と、都道府県が適用する水域を指定して、条例で定める上乗せ基準がある。一律基準には、一般基準と特定の業種に限定して、一般基準に代えて暫定適用する暫定基準がある。一般基準は、さらにカドミウム等の 28 項目の健康項目と生物化学的酸素消費量（BOD）等 15 項目の生活環境項目に分けられている（**表 12.6.1、表 12.6.2**）。

　健康項目に係る基準は、すべての特定事業場に一律に適用され、生活環境項目に係る基準は、1 日当たりの平均排水量が、50 m^3 以上の特定事業場に適用される。

第 12 章　水質と関連法規

表 12.6.1　有害物関係＜文献 12-11＞

有害物質の種類	許容限度
カドミウム及びその化合物	0.03mg/L
シアン化合物	1mg/L
有機燐化合物（パラチオン、メチルパラチオン、メチルジメトン及び EPN に限る。）	1mg/L
鉛及びその化合物	0.1mg/L
六価クロム化合物	0.5mg/L
砒素及びその化合物	0.1mg/L
水銀及びアルキル水銀その他の水銀化合物	0.005mg/L
アルキル水銀化合物	検出されないこと
ポリ塩化ビフェニル	0.003mg/L
トリクロロエチレン	0.1mg/L
テトラクロロエチレン	0.1mg/L
ジクロロメタン	0.2mg/L
四塩化炭素	0.02mg/L
1,2-ジクロロエタン	0.04mg/L
1,1-ジクロロエチレン	1mg/L
シス-1,2-ジクロロエチレン	0.4mg/L
1,1,1-トリクロロエタン	3mg/L
1,1,2-トリクロロエタン	0.06mg/L
1,3-ジクロロプロペン	0.02mg/L
チウラム	0.06mg/L
シマジン	0.03mg/L
チオベンカルブ	0.2mg/L
ベンゼン	0.1mg/L
セレン及びその化合物	0.1mg/L
ほう素及びその化合物	海域以外 10mg/L
	海域 230mg/L
ふっ素及びその化合物	海域以外 8mg/L
	海域 15mg/L
アンモニア、アンモニウム化合物亜硝酸化合物 及び硝酸化合物	（*）100mg/L
1,4-ジオキサン	0.5mg/L

（*）アンモニア性窒素に 0.4 を乗じたもの、亜硝酸性窒素及び硝酸性窒素の合計量。

備　考
1.「検出されないこと。」とは、第 2 条の規定に基づき環境大臣が定める方法により排出水の汚染状態を検定した場合において、その結果が当該検定方法の定量限界を下回ることをいう。
2. 砒（ひ）素及びその化合物についての排水基準は、水質汚濁防止法施行令及び廃棄物の処理及び清掃に関する法律施行令の一部を改正する政令（昭和 49 年政令第 363 号）の施行の際現にゆう出している温泉（温泉法（昭和 23 年法律第 125 号）第 2 条第 1 項に規定するものをいう。以下同じ。）を 利用する旅館業に属する事業場に係る排出水については、当分の間、適用しない。

表12.6.2 生活環境項目関係 ＜文献 12-12＞

生活環境項目	許容限度
水素イオン濃度（pH）	海域以外 5.8-8.6
	海域 5.0-9.0
生物化学的酸素要求量（BOD）	160mg/L（日間平均 120mg/L）
化学的酸素要求量（COD）	160mg/L（日間平均 120mg/L）
浮遊物質量（SS）	200mg/L（日間平均 150mg/L）
ノルマルヘキサン抽出物質含有量（鉱油類含有量）	5mg/L
ノルマルヘキサン抽出物質含有量（動植物油脂類含有量）	30mg/L
フェノール類含有量	5mg/L
銅含有量	3mg/L
亜鉛含有量	2mg/L
溶解性鉄含有量	10mg/L
溶解性マンガン含有量	10mg/L
クロム含有量	2mg/L
大腸菌群数	日間平均 3,000個/cm^3
窒素含有量	120mg/（日間平均 60mg/L）
燐含有量	16mg/L（日間平均 8mg/L）

備 考
1 「日間平均」による許容限度は、1日の排出水の平均的な汚染状態について定めたものである。

2 この表に掲げる排水基準は、1日当たりの平均的な排出水の量が50立方メートル以上である工場又は事業場に係る排出水について適用する。

3 水素イオン濃度及び溶解性鉄含有量についての排水基準は、硫黄鉱業（硫黄と共存する硫化鉄鉱を掘採する鉱業を含む。）に属する工場又は事業場に係る排出水については適用しない。

4 水素イオン濃度、銅含有量、亜鉛含有量、溶解性鉄含有量、溶解性マンガン含有量及びクロム含有量についての排水基準は、水質汚濁防止法施行令及び廃棄物の処理及び清掃に関する法律施行令の一部を改正する政令の施行の際現にゆう出している温泉を利用する旅館業に属する事業場に係る排出水については、当分の間、適用しない。

5 生物化学的酸素要求量についての排水基準は、海域及び湖沼以外の公共用水域に排出される排出水に限って適用し、化学的酸素要求量についての排水基準は、海域及び湖沼に排出される排出水に限って適用する。

6 窒素含有量についての排水基準は、窒素が湖沼植物プランクトンの著しい増殖をもたらすおそれがある湖沼として環境大臣が定める湖沼、海洋植物プランクトンの著しい増殖をもたらすおそれがある海域（湖沼であって水の塩素イオン含有量が1リットルにつき9,000ミリグラムを超えるものを含む。以下同じ。）として環境大臣が定める海域及びこれらに流入する公共用水域に排出される排出水に限って適用する。

7 燐（りん）含有量についての排水基準は、燐（りん）が湖沼植物プランクトンの著しい増殖をもたらすおそれがある湖沼として環境大臣が定める湖沼、海洋植物プランクトンの著しい増殖をもたらすおそれがある海域として環境大臣が定める海域及びこれらに流入する公共用水域に排出される排出水に限って適用する。

※ 「環境大臣が定める湖沼」＝昭60環告27（窒素含有量又は燐含有量についての排水基準に係る湖沼）
「環境大臣が定める海域」＝平5環告67（窒素含有量又は燐含有量についての排水基準に係る海域）

メモ欄

12.7 下水道法

この法律は、流域別下水道整備総合計画の策定に関する事項並びに公共下水道、流域下水道及び都市下水路の設置その他管理の基準を定めて、下水道の整備を図り、それにより都市の健全な発達及び公衆衛生の向上に寄与し、あわせて公共用水域の水質の保全に役立てようとするものである。

放流水の基準 下水道が公共用水域の水質保全に役立つためには、下水道から河川や海域へ放流される水の水質管理を適正に行わなければならない。そのため、下水道法により一定の基準を満たさなければならないとされている。

この放流水の水質の技術上の基準を**表12.7.1**、**表12.7.2**に示す。

流入水の基準 下水処理場における現在の処理方法は、有機物を主にしたものであり、重金属を含む汚水は処理できない。そのため特定事業場から下水道に流入する排水には、水質基準が定められている（**表12.7.3**）。また、有機物の高汚濁物質についても処理が困難であるため、放流水の水質基準を満たすためには、流入水の水質規制が必要である。公共下水道管理者は、特定事業場から下水の水質基準を条例で定めることができ、また除害施設の設置を義務付ける基準を条例で定めることができるが、その数値は政令で定められた数値より厳しいものであってはならないとされている（**表12.7.4～表12.7.6**）。

第12章 水質と関連法規

表12.7.1 放流水の水質の技術上の基準 ＜文献 12-13＞

	項　目	技術上の基準
一	水素イオン濃度	水素指数5.8以上、8.6以下
二	大腸菌群数	1立方センチメートルにつき3,000個以下
三	浮遊物質量	1リットルにつき40ミリグラム以下
四	生物化学的酸素要求量、窒素含有量及び燐含有量	次の表に掲げる計画放流水質に適合する数値（下水道法施行令第5条の6第2項）

表12.7.2 処理施設の構造の技術時用の基準 ＜文献 12-14＞

計画放流水質			方　法
生物化学的酸素要求量（単位　一リットルにつき五日間にミリグラム）	窒素含有量（単位　一リットルにつきミリグラム）	燐含有量（単位　一リットルにつきミリグラム）	
一〇以下	一〇以下	〇・五以下	循環式硝化脱窒型膜分離活性汚泥法（凝集剤を添加して処理するものに限る。）又は嫌気無酸素好気法（有機物及び凝集剤を添加して処理するものに限る。）に急速濾過法を併用する方法
		〇・五を超え一以下	循環式硝化脱窒型膜分離活性汚泥法（凝集剤を添加して処理するものに限る。）、嫌気無酸素好気法（有機物及び凝集剤を添加して処理するものに限る。）に急速濾過法を併用する方法又は循環式硝化脱窒法（有機物及び凝集剤を添加して処理するものに限る。）に急速濾過法を併用する方法
		一を超え三以下	循環式硝化脱窒型膜分離活性汚泥法（凝集剤を添加して処理するものに限る。）、嫌気無酸素好気法（有機物を添加して処理するものに限る。）に急速濾過法を併用する方法又は循環式硝化脱窒法（有機物及び凝集剤を添加して処理するものに限る。）に急速濾過法を併用する方法
			循環式硝化脱窒型膜分離活性汚泥法、嫌気無酸素好気法（有機物を添加して処理するものに限る。）に急速濾過法を併用する方法又は循環式硝化脱窒法（有機物を添加して処理するものに限る。）に急速濾過法を併用する方法
	一〇を超え二〇以下	一以下	嫌気無酸素好気法（凝集剤を添加して処理するものに限る。）に急速濾過法を併用する方法又は循環式硝化脱窒法（凝集剤を添加して処理するものに限る。）に急速濾過法を併用する方法
		一を超え三以下	嫌気無酸素好気法に急速濾過法を併用する方法又は循環式硝化脱窒法（凝集剤を添加して処理するものに限る。）に急速濾過法を併用する方法
			嫌気無酸素好気法に急速濾過法を併用する方法又は循環式硝化脱窒法に急速濾過法を併用する方法
		一以下	嫌気無酸素好気法（凝集剤を添加して処理するものに限る。）に急速濾過法を併用する方法又は嫌気好気活性汚泥法（凝集剤を添加して処理するものに限る。）に急速濾過法を併用する方法
		一を超え三以下	嫌気無酸素好気法に急速濾過法を併用する方法又は嫌気好気活性汚泥法に急速濾過法を併用する方法
			標準活性汚泥法に急速濾過法を併用する方法
一〇を超え一五以下	二〇以下	三以下	嫌気無酸素好気法又は循環式硝化脱窒法（凝集剤を添加して処理するものに限る。）
			嫌気無酸素好気法又は循環式硝化脱窒法
			嫌気無酸素好気法又は嫌気好気活性汚泥法
			標準活性汚泥法

※当該数値は、国土交通省令・環境省令で定める方法により検定した場合における数値とする。

表12.7.3 特定事業所からの下水の排除の制限に係る水質の基準 <文献12-15>

カドミウム及びその化合物	0.1mg/L 以下	1,1,2-トリクロロエタン	0.06mg/L 以下
シアン化合物	1.0mg/L 以下	1,3-ジクロロプロペン（D-D）	0.02mg/L 以下
有機リン化合物	1.0mg/L 以下	チウラム	0.06mg/L 以下
鉛及びその化合物	0.1mg/L 以下	シマジン	0.03mg/L 以下
六価クロム化合物	0.5mg/L 以下	チオベンカルブ	0.2mg/L 以下
ひ素及びその化合物	0.1mg/L 以下	ベンゼン	0.1mg/L 以下
水銀及びアルキル水銀その他の水銀化合物	0.005mg/L 以下	セレン及びその化合物	0.1mg/L 以下
アルキル水銀化合物	検出されないこと	ほう素及びその化合物海域以外の公共用水域に排出されるもの	10mg/L 以下（海域に排出されるもの：230mg/L 以下）
PCB	0.003mg/L 以下	ふっ素及びその化合物海域以外の公共用水域に排出されるもの	8mg/L 以下（海域に排出されるもの：15mg/L 以下）
トリクロロエチレン	0.3mg/L 以下	フェノール類	5mg/L 以下
テトラクロロエチレン	0.1mg/L 以下	銅及びその化合物	3mg/L 以下
ジクロロメタン	0.2mg/L 以下	亜鉛及びその化合物	2mg/L 以下
四塩化炭素	0.02mg/L 以下	鉄及びその化合物（溶解性）	10mg/L 以下
1,2-ジクロロエタン	0.04mg/L 以下	マンガン及びその化合物（溶解性）	10mg/L 以下
1,1-ジクロロエチレン	0.2mg/L 以下	クロム及びその化合物（溶解性）	2mg/L 以下
シス-1,2-ジクロロエチレン	0.4mg/L 以下	ダイオキシン類	10pg-TEQ/L 以下
1,1,1-トリクロロエタン	3mg/L 以下		

表12.7.4 除害施設の設置等に関する条例の基準 <文献12-16>

温度		45度以上あるもの
水素イオン濃度		水素指数5以下又は9以上であるもの
ノルマルヘキサン抽出物質含有量	鉱油類含有量	5mg/L を超えるもの
	動植物油脂類含有量	30mg/L を超えるもの
沃素消費量		220mg/L 以上であるもの

第 12 章 水質と関連法規

表 12.7.5 特定事業場からの下水の排除に係る水質の基準を定める条例の基準 <文献 12-17>

項 目		基　準　値		備　考
		製造業、ガス供給業 *1	左記以外の場合	
アンモニア性窒素、亜硝酸性窒素及び硝酸性窒素		125mg/L 未満（注 1）条例で排水基準が定められている場合は、その排水基準の 1.25 倍とする。	380 mg/L 未満（注 1）条例で排水基準が定められている場合は、その排水基準の 3.8 倍	条例によって基準が設定される。条例の基準は左記の基準より厳しいものであってはならない。
水素イオン濃度（pH）		5.7 を超え 8.7 未満	5.0 を超え 9.0 未満	
生物化学的酸素要求量（BOD）		300 mg/L 未満	600 mg/L 未満	
浮遊物質量（SS）		300 mg/L 未満	600 mg/L 未満	
n-ヘキサン抽出物質	イ.鉱油類含有量	—	5mg/L 以下	
	ロ.動植物油脂類含有量	—	30mg/L 以下	
窒素含有量		150 mg/L 未満（注 2）条例で排水基準が定められている場合は、その排水基準の 1.25 倍とする。	240 mg/L 未満（注 2）条例で排水基準が定められている場合は、その排水基準の 2 倍とする。	
リン含有量		20 mg/L 未満（注 2）条例で排水基準が定められている場合は、その排水基準の 1.25 倍とする。	32mg/L 未満（注 2）条例で排水基準が定められている場合は、その排水基準の 2 倍とする。	

（注 1）アンモニア性窒素、亜硝酸性窒素、硝酸性窒素については、水質汚濁防止法第 3 条第 3 項の規定による条例により、当該公共下水道からの放流水又は当該流域下水道の放流水について排水基準が定められている場合にあっては、当該排水基準に係る数値に 3.8 を乗じた数値とする。
（注 2）窒素又はリン含有量について、水質汚濁防止法第 3 条第 3 項の規定による条例により、当該公共下水道からの放流水又は当該流域下水道の放流水について排水基準が定められている場合にあっては、当該排水基準に係る数値に 2 を乗じた数値とする。

表 12.7.6 除害施設の設置等に関する条例の基準 <文献 12-18>

項 目		基　準　値
温度		45℃未満
アンモニア性窒素、亜硝酸性窒素及び硝酸性窒素		380 mg/L 未満（注 1）
水素イオン濃度（pH）		pH5 を超え 9 未満
生物化学的酸素要求量（BOD）		600mg/L 未満（5 日間）
浮遊物濃度（SS）		600mg/L 未満
ノルマルヘキサン抽出物質含有量	イ.鉱油類含有量	5mg/L 以下
	ロ.動植物油脂類含有量	30mg/L 以下
窒素含有量		240mg/L 未満（注 2）
リン含有量		32mg/L 未満（注 2）

（注 1）アンモニア性窒素、亜硝酸性窒素、硝酸性窒素については、水質汚濁防止法第 3 条第 3 項の規定による条例により、当該公共下水道からの放流水又は当該流域下水道の放流水について排水基準が定められている場合にあっては、当該排水基準に係る数値に 3.8 を乗じた数値とする。
（注 2）窒素又はリン含有量について、水質汚濁防止法第 3 条第 3 項の規定による条例により、当該公共下水道からの放流水又は当該流域下水道の放流水について排水基準が定められている場合にあっては、当該排水基準に係る数値に 2 を乗じた数値とする。

12.8 最近問題となっている水質

地下水の汚染　トリクロロエチレン等の有機塩素溶剤による地下水の汚染が問題になったことから、平成元年にはトリクロロエチレン、テトラクロロエチレンが水質汚濁防止法の有害物質に追加されるとともに、有害物質の地下浸透を禁止する法律が整備された。また平成8年の水質汚濁防止法の改正により、都道府県知事が汚染原因者に対し汚染された地下水の浄化を命じることができるようになった。平成24年現在、トリクロロエチレン、テトラクロロエチレンを含むVOC（揮発性有機化合物）の環境基準超過井戸本数は概ね横ばいで推移しています。

一方、平成11年には硝酸性窒素および亜硝酸性窒素、フッ素、ホウ素が環境基準に追加された。以降、硝酸性窒素および亜硝酸性窒素が環境基準を超過している事例が多数報告されており、平成24年現在、超過事例が各物質の中でもっとも多い。汚染の原因は家畜ふん尿、施肥、生活排水など発生源が多岐かつ広範囲にわたるため対策が難しい。環境省は平成13年7月に「硝酸性窒素及び亜硝酸性窒素に係る水質汚染対策マニュアル」を策定し、硝酸・亜硝酸対策を推進しているが、平成16年以降増加のペースは鈍っているものの、平成24年現在なお増加傾向にある。

ダイオキシン　ダイオキシン類とは、①ポリ塩化ジベンゾフラン（PCDF）、②ポリ塩化ジベンゾ－パラ－ジオキシン（PCDD）、③コプラナーポリ塩化ビフェニル（Co-PCB）の総称である。環境中に排出されるダイオキシン類の大半は、廃棄物の焼却によるものといわれており、その他には、金属精錬、有機塩素系農薬に含まれる不純物、塩素漂白を行う行程がある工場排水などがある。

ダイオキシン類は人の生命及び健康に重大な影響を与える物質であることから、政府の施策として平成11年7月に「ダイオキシン類対策特別措置法」を制定し関連法令で下記が設定された。

- 耐容一日摂取量（TDI）：4 pg-TEQ/kg・日以下
- 環境基準　　大気：0.6 pg-TEQ/m^3 以下
　　　　　　　水質：1 pg-TEQ/L 以下
　　　　　　　底質：150 pg-TEQ/g 以下
　　　　　　　土壌：1000 pg-TEQ/g 以下

水の排出基準については、既設施設には3年間の暫定的な排出基準が設けられたのち、10 pg-TEQ/L と定められた。

病原性微生物

水系で問題となる病原性微生物は、下記に分類できる。
①ウィルス（A型肝炎ウィルス、ノロウィルス等）
②細　　菌（コレラ、赤痢、病原性大腸菌等）
③原　　虫（クリプトスポリジウム、ジアルジア等）
④寄　生　虫（回虫等）

近年、クリプトスポリジウム、ノロウィルス等、下水処理場の生物処理および消毒工程を通じて完全に除去または不活化されない可能性のあるものが見つかってきている。1996年、埼玉県でクリプトスポリジウムによる集団感染が発生した。この原因は、水道原水中に含まれていたクリプトスポリジウムが、浄水処理によっても除去されず、水道水中に混入したためであった。また近年、生活排水に汚染された井戸水や簡易水道を原因とするノロウィルスによる食中毒が全国各地で報告されている。これらの事件を契機に水の微生物的安全に関する関心は高まった。このような集団感染を起こさないためには継続的な病原性微生物対策が不可欠である。

例えばクリプトスポリジウムについては、以下のような取組みが行われている。埼玉県での集団感染を受け、平成9年2月には、（社）日本下水道協会に「下水道におけるクリプトスポリジウム検討委員会」が設置され、平成12年に最終報告書が取りまとめられた。この報告書を受けて、国土交通省国土技術政策総合研究所を中心とする下水道技術会議「下水処理水・再生水の衛生学的水質検討プロジェクト」が発足し、その検討結果を踏まえて、平成15年6月に国土交通省より「下水処理水中のクリプトスポリジウム対策について」が通知された。一方、厚生労働省も、平成8年10月に「水道におけるクリプトスポリジウム暫定対策指針」を通知した。その後改正を経て、平成19年4月に「水道におけるクリプトスポリジウム対策指針」が新たに通知されている。

参 考 文 献

〔第 1 章〕
1-1：新・公害防止の技術と法規 2007 水質編 分冊 I （一社）産業環境管理協会
1-2：環境省 HP 化学的酸素要求量、窒素含有量及びりん含有量に係る総量削減基本方針 平成 23 年 6 月
http://www.env.go.jp/water/heisa/7kisei/sakugen_houshin.pdf
1-3：し尿浄化槽の構造基準・同解説、1996 年度版、日本建築センター
1-4：環境省 HP 平成 26 年版 環境・循環型社会 生物多様性白書
http://www.env.go.jp/policy/hakusyo/h26/pdf/2_4.pdf
1-5：国土交通省 国土技術政策総合研究所 HP
http://www.nilim.go.jp/lab/ecg/bdash/images_bdash/h26_bdash_gaiyou.jpg
1-6：環境省 HP 水循環基本法の概要
http://www.mlit.go.jp/common/000230587.pdf

〔第 2 章〕
2-1：下水道維持管理指針 ポンプ場・処理場施設 編 （公社）日本下水道協会 1991 年版
2-2：（一社）日本環境衛生施設工業会 HP「JEFMA」No.52 2005 年 1 月
http://www.jefma.or.jp/jefma/52/pdf/shinyo.pdf
2-3：厚生省水道環境部監修 廃棄物最終処分場指針解説 第六刷 平成 6 年 8 月 （公社）全国都市清掃会議
2-4：JARUS HP パンフレット
http://www.jarus.or.jp/pamphlet/S-3.pdf
2-5：環境省 HP 平成 25 年度末の浄化槽の普及状況について 環境省大臣官房廃棄物・リサイクル対策部対策課 浄化槽推進室 平成 26 年 9 月
http://www.env.go.jp/press/files/jp/25084.pdf
2-6：廃棄物処理施設 生活環境影響調査指針 環境省大臣官房廃棄物・リサイクル対策部 平成 18 年 9 月
2-7：防脱臭技術の適用に関する手引き 平成 15 年 3 月 環境省環境管理局大気生活環境室

〔第 3 章〕
3-1：日東電工㈱ HP
http://www.nitto.com/jp/ja/products/group/membrane/about/
3-2：日東電工㈱ HP
http://www.nitto.com/jp/ja/products/group/membrane/about/reverse/
3-3：沖縄県企業局パンフレット
http://www.eb.pref.okinawa.jp/opeb/gaiyo/2013/water_in_okinawa_h25.pdf
3-4：日東電工㈱ HP
http://www.nitto.com/jp/ja/products/group/membrane/about/spiral_module/

3-5：公害防止の技術と法規 水質編 (一社)産業環境管理協会
3-6：講習会テキスト 促進酸化法による水中有害物質の効果的処理法、技術情報センター
3-7：Buxton, G. V., Greenstock, C. L., Hwlman, W., P., and Ross, A. B. : Critical Review of Rate Constants for Reactions of Hydrated Electrons, Hydrogen Atoms and Hydroxyl Radicals（OH/O）in Aqueous Solution, J. Phys. Chem. Ref. Data, Vol. 17 (2), pp.513～886, 1988.
3-8：下水道施設計画・設計指針と解説 後編 2009 年版 (公社)日本下水道協会 平成 21 年 10 月 表 4.7.1 主な消毒技術の特徴の概略
3-9：村田恒雄編 下水の高度処理技術 p.306, 310 理工図書
3-10：㈱アストム HP
　　　http://www.astom-corp.jp/product/03.html

[第4章]
4-1：下水道施設計画・設計指針と解説 2001 年版 (公社)日本下水道協会
4-2：建設省都市局下水道部監修 下水道施設計画・設計指針と解説 1994 年版 p.240 図 6-12 接触材の設置方法、(公社)日本下水道協会
4-3：建設省都市局下水道部監修 下水道施設計画・設計指針と解説、1994 年版 p.114 図 5-81 汚水の流入方向と回転方向 (公社)日本下水道協会
4-4：下水道施設計画・設計指針と解説 2009 年版 (公社)日本下水道協会
4-5：下水道施設計画・設計指針と解説 2009 年版 (公社)日本下水道協会
4-6：ごみ処理施設設備の計画・設計要領 2006 年改訂版 (公社)全国都市清掃会議 平成 18 年 6 月
4-7：下水道施設計画・設計指針と解説 後編 2009 年度版 (公社)日本下水道協会 p342 図 5.4.1 上段の図をもとに作成
4-8：下水道施設計画・設計指針と解説 2009 年版 (公社)日本下水道協会
4-9：下水道施設計画・設計指針と解説 2009 年版 (公社)日本下水道協会
4-10：下水道施設計画・設計指針と解説 2009 年版 (公社)日本下水道協会
4-11：屎尿浄化槽の構造基準・同解説 1996 年 日本建築センター
4-12：屎尿浄化槽の構造基準・同解説 1996 年 日本建築センター

[第5章]
5-1：排水基準を定める省令 昭和四十六年六月二十一日総理府令第三十五号 別表第一 最終改正：令和 3 年 9 月 24 日号外 環境省令第 16 号

[第6章]
6-1：(公社)日本下水道協会 HP
　　　http://www.jswa.jp/rate/
6-2：国土交通省 HP
　　　http://www.mlit.go.jp/crd/sewerage/shikumi/shurui.html

参考文献

6-3：国土交通省水管理・国土保全局下水道部下水事業課監修 下水道事業の手引き（平成19年版）を部分改定 日本水道新聞社
6-4：衛生工学演習 上水道と下水道 森北出版
6-5：最新実務家のための下水道ハンドブック、建設産業調査会
6-6：国土交通省 HP
http://www.mlit.go.jp/mizukokudo/sewerage/crd_sewerage_tk_000124.html
6-7：国土交通省 国土技術政策総合研究所 HP
http://www.nilim.go.jp/lab/ecg/bdash/bdash.htm

〔第7章〕
7-1：白崎　亮、西廻里恵 下水道汚泥資源利用の動向と今後の施策について 再生と利用 Vol.37 No.139（2013）
7-2：下水道施設計画・設計指針と解説 後編 2009年版（公社）日本下水道協会
7-3：美谷喜久 月間地域づくり 240号 平成21年6月
http://www.chiiki-dukuri-hyakka.or.jp/book/monthly/0906/images/f05-zu.jpg
7-4：下水道施設計画・設計指針と解説 後編 2009年版（公社）日本下水道協会
7-5：下水道施設計画・設計指針と解説 後編 2009年版（公社）日本下水道協会

〔第8章〕
8-1：白崎　亮、西廻里恵 下水道汚泥資源利用の動向と今後の施策について 再生と利用 Vol.37 No.139（2013）
8-2：金属等を含む産業廃棄物に係る判定基準を定める省令 昭和48年2月17日総理府令第五号 最終改正：平成29年6月9日環境省令第十一号

〔第9章〕
9-1：日本の廃棄物処理 平成22年度版 環境省大臣官房廃棄物・リサイクル対策部 廃棄物対策課
9-2：日本の廃棄物処理 平成22年度版 環境省大臣官房廃棄物・リサイクル対策部 廃棄物対策課
9-3：汚泥再生処理センター等施設整備の計画・設計要領 平成13年版（公社）全国都市清掃会議
9-4：汚泥再生処理センター等施設整備の計画・設計要領 平成13年版（公社）全国都市清掃会議
9-5：し尿処理施設構造指針と解説 1988年版（公社）全国都市清掃会議
9-6：汚泥再生処理センター等施設整備の計画・設計要領 平成13年版（公社）全国都市清掃会議
9-7：汚泥再生処理センター等施設整備の計画・設計要領、汚泥再生処理センターコミュニティー・プラント生活排水処理施設、平成13年版（公社）全国都市清掃会議
9-8：汚泥再生処理センター等施設整備の計画・設計要領 平成13年8月（公社）全国都市清掃会議 pp.95

9-9：汚泥再生処理センター等施設整備の計画・設計要領、汚泥再生処理センターコミュニティー・プラント生活排水処理施設、pp.95 図 1.1-1 汚泥再生処理センターの構成システムをもとに作成 平成 13 年 9 月 25 日 （公社）全国都市清掃会議

〔第 10 章〕
10-1：環境省 HP 一般廃棄物の排出及び処理状況等（平成 24 年度）について
http://www.env.go.jp/recycle/waste_tech/ippan/h24/data/env_press.pdf
10-2：花嶋正孝 第 3 回日米廃棄物処理会議資料 昭和 51 年 10 月 をもとに作成
10-3：（公社）全国都市清掃会議 廃棄物最終処分場整備の計画・設計要領 p.152 図 1-2-2 埋立構造の分類例 をもとに作成
10-4：東京都清掃局、中央防波堤外側汚水処理の基本調査報告書 ㈱野村総合研究所 1976 年
10-5：最終処分場技術システム研究協会編、改訂版日本の最終処分場、p107 図 4-12 クローズドタイプ型処分場のイメージ図から一部抜粋 2004 年 8 月 1 日 株式会社環境新聞社
10-6：廃棄物最終処分場整備の計画・設計要領 平成 13 年版 （公社）全国都市清掃会議
10-7：厚生省水道環境部監修 廃棄物最終処分場指針解説 （公社）全国都市清掃会議
10-8：廃棄物最終処分場整備の計画・設計要領、平成 13 年版 （公社）全国都市清掃会議
10-9：樋口荘太郎 最終処分場の計画と建設 日報社
10-10：特定非営利活動法人 最終処分場技術システム研究協会 廃棄物最終処分場新技術ハンドブック pp.287 図 3.4-1 最終処分場の安定化の条件より一部修正して作成 2006 年 12 月 1 日 環境産業新聞社

〔第 11 章〕
11-1：国土交通省 HP 国土交通省 水管理・国土保全局 水資源部 平成 26 年版日本の水資源について 平成 26 年 8 月
http://www.mlit.go.jp/mizukokudo/mizsei/mizukokudo/mizusei/fr2/000012.html
11-2：国土交通省 HP
http://www.mlit.go.jp/common/001047853.pdf
11-3：国土交通省 HP 日本の水資源 平成 26 年版より編集
http://www.mlit.go.jp/common/001049559.pdf
11-4：国土交通省 HP
http://www.mlit.go.jp/tochimizushigen/mizsei/junkan/index-4/07/9sairiyou.html
11-5：国土交通省下水道部 HP
http://www.mlit.go.jp/mizukokudo/sewerage/crd_sewerage_tk_000124.html
11-6：国土交通省下水道部 HP
http://www.mlit.go.jp/mizukokudo/sewerage/crd_sewerage_tk_000124.html
11-7：国土交通省 国土技術政策総合研究所 HP
http://www.nilim.go.jp/lab/ecg/bdash/images_bdash/h26_bdash_gaiyou.jpg
11-8：国土交通省 HP 下水熱でスマートなエネルギー利用より抜粋
http://www.mlit.go.jp/common/000986040.pdf

参考文献

11－9：国土交通省 国土技術政策総合研究所 HP より抜粋
　　　http://www.nilim.go.jp/lab/ecg/bdash/pamphlet/h24_sekisui.pdf
11－10：国土交通省 HP
　　　http://www.mlit.go.jp/common/000113958.pdf

〔第 12 章〕
12－1：昭和 46 年 12 月 28 日環境庁告示第 59 号別表 1 令和 3 年 10 月 7 日環境省告示第 62 号改正
12－2：昭和 46 年 12 月 28 日環境庁告示第 59 号別表 2 最終改正：令和 3 年 10 月 7 日環境省告示第 62 号
12－3：昭和 46 年 12 月 28 日環境庁告示第 59 号別表 2 最終改正：令和 3 年 10 月 7 日環境省告示第 62 号
12－4：昭和 46 年 12 月 28 日環境庁告示第 59 号別表 2 最終改正：令和 3 年 10 月 7 日環境省告示第 62 号
12－5：昭和 46 年 12 月 28 日環境庁告示第 59 号別表 2 最終改正：令和 3 年 10 月 7 日環境省告示第 62 号
12－6：昭和 46 年 12 月 28 日環境庁告示第 59 号別表 2 最終改正：令和 3 年 10 月 7 日環境省告示第 62 号
12－7：昭和 46 年 12 月 28 日環境庁告示第 59 号別表 2 最終改正：令和 3 年 10 月 7 日環境省告示第 62 号
12－8：昭和 46 年 12 月 28 日環境庁告示第 59 号別表 2 最終改正：令和 3 年 10 月 7 日環境省告示第 62 号
12－9：昭和 46 年 12 月 28 日環境庁告示第 59 号別表 2 最終改正：令和 3 年 10 月 7 日環境省告示第 62 号
12－10：令和 2 年 5 月 28 日環水大水発第 2005281 号　環境省水・大気環境局通知
12－11：昭和 46 年 6 月 21 日 総理府令第 35 号別表第一 最終改正：令和 3 年 9 月 24 日号外 環境省令第 16 号
12－12：昭和 46 年 6 月 21 日 総理府令第 35 号別表第二 最終改正：平成 25 年 9 月 4 日 環境省令第 20 号
12－13：昭和 34 年 4 月 22 日 下水道法施行令第 6 条 最終改正 平成 24 年 5 月 23 日政令第 148 号
12－14：昭和 34 年 4 月 22 日 下水道法施行令第 5 条の 6 最終改正 平成 24 年 5 月 23 日政令第 148 号
12－15：昭和 34 年 4 月 22 日 下水道法施行令第 9 条の 4 最終改正 平成 24 年 5 月 23 日政令第 148 号
12－16：昭和 34 年 4 月 22 日 下水道法施行令第 9 条 最終改正 平成 24 年 5 月 23 日政令第 148 号
12－17：昭和 34 年 4 月 22 日 下水道法施行令第 9 条の 5 最終改正 平成 24 年 5 月 23 日政令第 148 号
12－18：昭和 34 年 4 月 22 日 下水道法施行令第 9 条の 11 最終改正 平成 24 年 5 月 23 日政令第 148 号

索引

※太字は用語解説ページ

数　字

3価のクロム	90
3類型	12
4類型	12
6価クロム	12, 86, 90, 153
6価クロム化合物	12, **13**, 153
6類型	12

英　字

A_2O 法	78
ABS	56
ADI	**213**
AOP	60
BOD	4, **5**, 8, 12, 16
BOD 除去	37, 78
COD	4, **5**, 6, 8, 12
COD 除去	31
DNA	62, **63**
DO	12, 31, 162
DS	126, **127**, 143, 177
EPN	98, 213
eV	60, **61**
HO ラジカル	60, 180
HRT	68
ICP	202, 203
MAP	166, 196
MF 膜	54
MLSS	68, **69**, 162, 163
MPN	**207**
NF	52
PCB	12, 86, 100, 152, 204
PCB 廃水の処理	100
PCDD	222
PCDF	222
PEG	72, **73**
pH	12, **13**, 16, 46, 62
PVA	72, **73**
Resin	**59**
RO 膜	32, 54, **55**, 98, 180
SRT	68
SS	4, **5**, 12, 16, 18
SS 除去	118
SS 対策	138
TDI	222
THM	56

T-N	6, **7**, 28
T-P	6, **7**, 78, 119
UASB 法	74, **75**
UF	52, 53, 55, 162
UF 膜	53, 55, 162

ア　行

アオコ	18, 119
赤潮	8, 18, 119
悪臭物質	38
悪臭防止法	38, 114, 150
足尾鉱山鉱毒事件	2
アセットマネジメント	122, **123**
圧力式	50
アニオン	58
アミノ酸	106, 130
アメニティ	188
アルカリ塩素法	94
アルキル水銀	12, 86, 92, 152, 205
アルミニウム塩	22, 96, 104
アンチモン	213
安定型処分場	152
アンモニアストリッピング法	106, 107
アンモニア性窒素	7, 18, 76, 80, 82
硫黄酸化物	149, 150
イオン	58, **59**
イオン交換材	58
イオン交換樹脂	58, 88, 90, 96, 104
イオン交換法	64, 88, 90
イタイイタイ病	2, 86, **87**
一次処理	116
一次発酵	135
一般廃棄物	4, 115, 152
一般廃棄物最終処分場	178
移動床式	50
井戸水	22, 23
陰イオン	58, 64
陰イオン交換樹脂	58, 88, 90, 96
陰イオン交換膜	64
埋立構造	172
埋立処分	126, 152, 172, 190
埋立浸出水	6
エアレーション時間	68
衛生処理	192
栄養塩類	16, 116, 118, 122
塩化水素	101, 149, 150
塩基度	146, **147**
遠心効果	44, **45**, 132
遠心脱水機	16, 132
遠心濃縮機	128
遠心濃縮法	162

索　引

遠心分離 …………………………… 44, 132
塩素剤 ……………………………… 62, 116
塩素注入井 …………………………… 22
鉛毒 …………………………………… 88
塩類分離技術 ………………………… 64
オキシデーションディッチ法 …… 116, **117**
オキシデーション法 ………………… 16
汚水・汚泥の熱エネルギー ………… 194
汚水排除方式 ………………………… 30
オゾン酸化 ………………… 16, 60, 188
オゾン酸化法 ………………………… 94
オゾン処理 ………… 16, 22, 56, 98, 189
汚濁負荷 …………… 10, 26, 164, 168, 188
汚濁物質 …………………… 4, 12, 18, 200
汚泥焼却 ……………………… 142, 154
汚泥焼却発電システム ……………… 120
汚泥処理施設 ………………… 24, 142
汚泥性状 …………………………… 132
汚泥濃度 …………………………… 126
汚泥令 ……………………………… 68
オリフィス式 ……………………… 200
温排水 ……………………………… 148

カ　行

加圧空気 …………………………… 128
加圧浮上 …………… 48, 121, 128, 162
加圧ろ過 …………………………… 16
海域 …………………………………… 8
海域の環境基準 ………………… 8, 206
階段式ストーカ炉 ……………… 145, 191
回転円板装置 ………………… 16, 70
回転板接触法 ………………………… 36
開放循環方式 ……………………… 188
海面埋立 …………………………… 152
界面活性剤 ……………………… 4, 34
海洋汚染及び海上災害の防止に関する法律
　………………………………… 114, 152
海洋汚染防止法 ………………… 2, 13
海洋投入処分 ……………………… 152
加温方式 …………………………… 130
化学的酸素要求量 …………………… **5**
過給式流動焼却炉 ………………… 144
下向流式 …………………………… 50
過酸化水素 ………………… 60, 99, 180
過剰摂取現象 ……………………… 78
加水分解 …………………… 74, 98, **99**
ガスエンジン ………………… 130, **131**
ガスクロマトグラフ質量分析 …… 202, 203
ガスクロマトグラフ分析 ………… 202, 203
ガスホルダ ………………………… **131**
河川 …………………………… 8, 12

河川水 ……………………… 22, 118
河川の環境基準 …………………… 206
カチオン …………………………… 58
活性アルミナ ………… 94, **95**, 96, 104
活性汚泥混合液 ……………… 68, 117
活性汚泥処理 ………………… 16, 52, 160
活性汚泥微生物 ……………… 68, 78
活性汚泥法 ……………………… 16, 68
活性炭吸着 ………………… 56, 102
活性炭処理 ……………… 102, 180
活性微生物 ……………………… 68, 72
合併浄化槽 ………………… 6, 10, 26
カドミウム …………… 12, 86, 88, 205
カネミ油症事件 ………………… 86, **87**
環境基準 ………… 12, 204, 206, 212
環境基本法 …………………… 2, 12, 204
環境負荷の低減 ………………… 142
環境保全下水道 …………………… 10
環境ホルモン ……………………… 60
環境用水 ………………………… 188
還元触媒脱硝 …………………… 150
含水率 ……………………… 126, **127**
完全クローズドシステム ……… 32, **33**
完全燃焼 ………………………… 142
乾燥汚泥 ………………… 136, 146
乾燥固形物 ……………………… **127**
乾燥方式 ………………………… 134
緩速ろ過 ……………………… 16, 50
官能試験 ………………………… 38
管理型処分場 ………………… 152
機械撹拌方式 …………………… 68
機械濃縮 ………………… 120, **121**, 128
機器分析 ………………………… 202
気固比 …………………………… 48
希釈水 ……………………… 160, 168
希釈用水 ………………………… 188
寄生虫 …………………………… 82, 134
基底状態 ………………… 202, **203**
揮発 ………………… 94, **95**, 131, 222
気泡助剤 ………………………… 128
気泡流動焼却炉 ………………… 144
逆浸透法 ………………………… 55
逆浸透膜 ………… 32, 54, **55**, 98, 180
逆浸透ろ過膜 …………………… 52
吸光光度分析 …………………… 202
急速ろ過 ……………… 22, 50, 118
吸着剤 ……………………… 56, 92, 104
吸着等温線 ……………………… 56
吸着法 ……………… 38, 88, 92, 98, 104
吸着量 …………………………… 56
急冷スラグ ……………………… 146
凝集剤 …………………………… 46

231

※太字は用語解説ページ

凝集沈殿	16, 46
凝集沈殿池	22
凝集沈殿法	88, 90, 92, 104
凝集分離	46
強制通気式	134
共沈法	96
強熱残留物	153
許容一日摂取量	**213**
キレート吸着装置	28
キレート剤	88
キレート樹脂	58, 92, **93**
金属水銀	92
均等係数	**51**
空気曝気式	68
くみ取りし尿	165
クライシスマネジメント	122, **123**
クリプトスポリジウム	22, **23**, 223
クローズド型処分場	175
クロラミン	62, 106, 107
ケーキろ過	50
下水	6
下水汚泥	120
下水汚泥広域処理事業	142
下水汚泥処理	120
下水管	112
下水管渠	24
下水高度処理	118
下水処理水	62, 110, 118, 186
下水道施設	24, 112
下水道終末処理場	5
下水道の普及率	110
下水道法	13, 15, 110, **111**, 218
下水道放流型し尿処理方式	168
下水の処理	116
結合塩素	62, 107
結合固定化法	72
結晶化スラグ	146
ゲル	72, **73**
限界含水率	147
限外ろ過膜	52
嫌気・好気活性汚泥法	78
嫌気性消化	120, **121**
嫌気性消化処理	16
嫌気性消化法	16, 74
嫌気性処理法	74
嫌気性微生物	121
嫌気性ろ床法	74
原子吸光光度分析	202, 203
検出限界	90, **91**
原水	22, 50
原生動物	68, **69**
懸濁質	46, 48
減率乾燥領域	146, **147**
減量・減容化	126, 132, 142
原料汚泥	134
高温消化	130
高温熱分解法	100
高温腐食	148, **149**
公害基本法	12
公害対策基本法	2, 3
公害年表	3
交換吸着	88
好気性埋立構造	172
好気性消化	130, 162
好気性消化槽	162
好気性処理	34, 60, 76
好気性微生物	68
公共下水道	15, 112
工場排水法	110
降水量	176, 186
合成高分子	72
高速凝集沈殿池	22
高度処理	116, 118
高濃度 PCB	100
高濃度臭気	38
高負荷脱窒素処理	16, 162
高分子凝集剤	16, 46, 128, 132, 190
高分子ゲル	72
高分子皮膜	72
合流式	24, 112
固液分離	46, 74, 78, 132
固形物	48
固形物回収率	138, **139**
湖沼	4, 8
湖沼水	22
湖沼の環境基準	206
固定化担体法	73
固定床式	50
コプラナーポリ塩化ビフェニル	222
ごみピット排水	32
コミュニティプラント	36, 113
コロイド状粒子	**45**
混合消化	130
紺青法	94
コンポスト	134

サ 行

最確数	**207**
最終処分場	28, 174, 176
最終生成物	57, 74
採水容器	202
再生排水	32
錯体	94, **95**

索 引

酸化還元電位 ･････････････････････ 60, **61**
酸化剤 ･････････････････････････････ 60
酸化処理 ･･････････････････････････ 60
酸化反応 ･･････････････････････････ 60
酸化分解 ･･････････････････ 60, 68, 94, 99
散気方式 ･･････････････････････････ 68
産業廃棄物 ･･････････････････ 4, 28, 152
産業排水 ･････････････････････････ 4, 6
産業排水処理設備 ･････････････････ 34
散水ろ床装置 ･････････････････････ 70
酸性白土 ･･･････････････････････ 96, **97**
酸素供給方法 ･････････････････････ 68
三点比較式臭袋法 ･････････････････ 38
酸分解燃焼法 ･････････････････････ 94
次亜塩素酸ソーダ ･･････････････ 62, 94
シアン ････････････････････････････ 12, 94
紫外線 ････････････････････････････ 16, 62
資源化 ･･････････････････････････ 126, 166
資源化技術 ････････････････････ 166, 196
し渣 ･･････････････････････････ 116, 144
自浄能力 ･････････････････････････ 10
自然循環型ボイラー ････････････ 148, **149**
自然通気式 ･･･････････････････････ 134
湿式加熱分解法 ･･･････････････････ 94
湿式排ガス洗浄排水 ･･･････････････ 32
し尿処理施設 ･･････････････････ 26, 158, 164
遮水機能 ･･････････････････････････ 174
遮水工 ････････････････････････････ 28
遮断型処分場 ････････････････････ 152
嗅覚測定法 ･･･････････････････････ 38
臭気強度 ･････････････････････････ 38
臭気指数 ･･･････････････････････ 38, 150
修景用水 ･･･････････････････ 110, 188, **189**
収集し尿 ･･････････････････････････ 6
終末処理場 ･････････････････････ 112, **113**
集約処理 ･･････････････････････ 142, 158
重量分析 ･･････････････････････ 202, 203
重力式 ･･････････････････････････ 50, 116
重力沈降 ･･････････････････････ 46, 128
重力濃縮 ･･････････････････････ 16, 128
取水施設 ･･････････････････････････ 22
馴養 ･･････････････････････････････ **95**
循環型社会 ･････････････････ 26, 30, 74, 126, 166
循環流動焼却炉 ･･･････････････････ 144
準好気性埋立構造 ････････････････ 172
常圧浮上 ･･････････････････････ 48, 128
浄化 ･･････････････････････････････ 12
消化汚泥 ････････････････････････ 142
消化温度 ････････････････････････ 130
消化ガス ････････････････ 120, 130, 131, 192
硝化菌 ･･････････････････････････ 160
浄化槽汚泥 ･･････････････ 6, 26, 158, 164, 168

浄化槽汚泥対応型し尿処理方式 ･･････ 164
浄化槽排水 ････････････････････････ 6
硝化脱窒素 ･･･････････････････ 162, 164
浄化能力 ･･･････････････････････ 8, 72
浄化の機構 ･･･････････････ 70, 72, 74, 82
焼却施設 ･･････････････････････････ 32
焼却灰 ･･････････････････ 144, 146, 152, 190, 196
上向流式 ･･････････････････････････ 50
消臭・脱臭剤法 ･･････････････････ 38
浄水施設 ･････････････････････････ 22
浄水処理 ･･････････････････････ 52, 56, 223
浄水池 ･･･････････････････････････ 22
上水道施設 ･･･････････････････････ 22
晶析脱リン法 ････････････････････ 118
消毒 ･･････････････････････････････ 62
消毒剤 ･･･････････････････････････ 62
蒸発残留物 ･･････････････････････ 127
蒸発法 ･･･････････････････････････ 64
除去対象物質 ･････････････ 116, 118, 122, 150
植樹帯散水用水 ････････････････ 188
触媒燃焼 ････････････････････････ 102
除渣 ･･････････････････････････････ 164
初沈汚泥 ････････････････････････ 120
処理水質 ･････････････････････････ 22
シロキサン除去装置 ･････････････ 130, **131**
真空送水 ･････････････････････････ 24
真空脱水機 ･･･････････････････････ 16
浸出水集排水施設 ････････････････ 178
浸出水処理設備 ･････････････ 28, 178, 182
浸出水量 ････････････････････････ 176
親水用水 ･･････････････････････ 62, 188
振動規制法 ･･････････････････････ 114
浸透性 ･･････････････････････････ 102
親和力 ･･････････････････････････ 132
水銀 ･･････････････････････････････ 12
水源 ･･････････････････････････････ 22
水質汚濁防止技術 ･････････････････ 16
水質汚濁防止法 ･･････････････ 2, 12, 114, **115**, 214
水質分析 ････････････････････････ 183
水質保全法 ･･････････････････････ 110
水洗化率 ････････････････････････ 159
水洗便所 ･･････････････････････････ 6
水洗便所用水 ････････････････････ 188
水素イオン ･･････････････････････ **13**
水中の有機物 ････････････････････ **57**
水道施設基準 ･････････････････････ 22
水道専用貯水池 ･･･････････････････ 22
水道用原水 ･･･････････････････････ 22
水熱酸化分解法 ･･･････････････････ 100
水面埋立 ････････････････････････ 152
水面積負荷 ･･･････････････････････ 44
スカム ･･････････････････････････ 128, **129**

233

※太字は用語解説ページ

スクリュー脱水機	138
スクリュープレス	132
ステップ流入式活性汚泥法	16
ステップ流入式嫌気好気脱窒法	77
ステップ流入式好気活性汚泥法	118
生活環境項目	90, **91**
生活環境の保全	12
生活排水	4, 10, 14
生活排水対策	14
生活用水	186
青酸	86
青酸カリ	94
清掃工場汚水処理設備	32
静置式	134
清澄ろ過	50, 52
製品汚泥	134
製品返送方式	134
生物化学的酸素消費量	214
生物化学的酸素要求量	**5**
生物学的酸化処理	60
生物学的処理法	72
生物学的脱窒素	16, 160, 164
生物学的脱リン法	78
生物処理法	106
生物脱リン	78, 138
生物分解法	102
生物膜法	70
生分解プラスチック	196
精密ろ過膜	52
せきによる測定	200
設計基準	68
接触曝気装置	70
接触曝気法	36
絶対嫌気性細菌	130
セレン	96, 153, 205, 214
前駆物質	56, **57**
洗車排水	32
洗浄法	38
洗浄用水	188
全窒素	7
全リン	7, 206
創エネルギー型汚泥焼却システム	154
騒音規制法	114
促進酸化処理法	98, **99**, 180
促進酸化法	16, 60

タ 行

ダイオキシン類	180, 222
ダイオキシン類対策特別措置法	222
大気汚染防止法	102, 114
堆積形	134
大腸菌群数	12, **13**, 62, 206
堆肥化	74, 134, 166
耐容一日摂取量	222
ダスト	148
多層式	50
立形	34, 144
脱塩水	64, 98, **99**
脱臭設備	38
脱水	132
脱水汚泥	133, 144, 154, 191
脱水機	132, 138
脱窒素法	26, 160, 162
脱硫装置	130, **131**
種汚泥	68, **69**
多目的貯水池	22
単層式	50
担体の種類	72
担体法	72
単独浄化槽	6, 10, 26
単独処理浄化槽	36
チアノーゼ	106, **107**
地下水	8, 22, 174
地下水の汚染	222
窒素含有量	150
窒素酸化物	150
窒素除去プロセス	76, 78
地表水	22
着水井	22
中温消化	130
中継ポンプ場	24
超臨界	100, **101**
直接溶融方式	146
貯水施設	22
貯水池水	22
貯留機能	174
沈降分離	44, 48, 68
沈殿槽	16
沈殿物	88, 116
沈殿分離	44, 92, 94, 116
通水抵抗	50
通性嫌気性菌	76, **77**
低位発熱量	142
低温腐食	148, **149**
低希釈二段活性汚泥法	16
デオキシリボ核酸	**63**
テトラクロロエチレン	12, 87, 102, 205, 215
電解酸化法	94
電気透析	28, 64
電子ボルト	**61**
電磁流量計	200
天然高分子	72
投棄	10, 120, 172

索　引

毒性等価濃度 …………………… 180, **181**
特別管理産業廃棄物 ……………… 28, 152
都市下水路 ……………………… 112, 218
土壌汚染 ………………………… 13, 190
土壌処理法 …………………………… 82
土壌粒子 ……………………………… 82
トリクロロエチレン …… 12, 87, 102, 204, 221
トリハロメタン ………………… 94, **95**
トリハロメタン前駆物質 …………… 18
トレンチ ……………………………… 82

ナ 行

内水面埋立 ………………………… 152
ナノろ過膜 ………………………… 52
鉛 ……………………… 86, 88, 205, 206
難分解性微量汚染物質 ……………… 18
難分解性物質 ………… 175, 176, 178
二酸化炭素 ………… 74, 100, 130, 174
二次処理 ………………………… 116
二次発酵 ………………………… 135
熱回収プロセス ………………… 148
熱源 ………………………… 34, 136, 194
熱交換器 ………………… 130, 148, 150, 194
熱灼減量 ……………………… 152, **153**
熱処理法 …………………………… 16
熱操作プロセス ………………… 142
燃焼温度 ……………………… 142, 150
燃焼管理 ………………………… 150
燃焼排ガス ………… 142, 144, 148, 150
年平均降水量 …………………… 186
燃料電池 ……………………… 192, **193**
農業集落排水 ……………………… 6
農業集落排水事業 ……………… 14, 30
農業集落排水処理施設 …………… 10
農業用水 ………………………… 188
濃縮 ……………………………… 128
濃縮液 ……………………………… 98, 180
濃縮機 …………………………… 128
濃縮分離 ……………………… 52, 64
農薬廃水 …………………………… 98
農薬類 ……………………………… 98
ノルマルヘキサン抽出物質 …… 12, **13**, 206

ハ 行

パーシャルフリューム ………… 200, **201**
バイオレメディエーション ……… 102, **103**
排ガス処理プロセス …………… 150
廃棄物処分場 …………………… 152
廃棄物処理法 ……………… 152, 172

廃棄物の処理及び清掃に関する法律
 ……………… 114, **115**, 126, 172
ばいじん ………………………… 150
排水 ………………………………… 6
配水施設 ………………………… 22
排水ポンプ場 …………………… 24
灰出し排水 ……………………… 32
バイナリ発電機 ………………… 154
廃熱ボイラー …………………… 148
灰溶融方式 ……………………… 146
バグフィルター ………………… 150
曝気 ……………………… 68, 94, **95**
曝気処理法 ……………………… 102
曝気槽 …………………………… 68
曝気方式 ………………………… 68
発酵日数 ………………………… 135
発光分光分析 …………………… 202
羽根車式 ………………………… 200
パラチオン ……………… 86, 98, 215
反応槽 ……………………… 68, 72, 74
ヒートポンプ ………………… 194, **195**
微細気泡 ………………………… 48
ヒ素 ……………………… 12, 96, 205
病原性大腸菌 ………………… 18, 222
病原性微生物 ……………… 53, 62, 223
標準活性汚泥法 ……… 16, 68, 116, **117**
標準脱窒素処理法 ……………… 160
標準脱窒素法 …………………… 160
微量汚染物質 ………………… 4, 180
微量有害物質 ………………… 16, 18
ファウリング …………………… 52
フィルタろ過 ………………… 50, 52
富栄養化 …………… 2, 8, 18, 118, 119
富栄養化現象 ………………… 118, **119**
複合汚染 ………………………… 22
複合臭気 ………………………… 150
副資材混合方式 ………………… 134
伏流水 …………………………… 22
浮上濃縮 ………………………… 128
浮上分離 ………………………… 48
腐食 ……………… 6, 64, 143, 148, 180
普通沈殿池 ……………………… 22
不燃性 …………………………… 102
フミン ……………………… 56, **57**
浮遊物 …………………………… 64
浮遊物質 ……………… 68, 116, 118, 206
不溶性物質 ……………………… 50
プラスチック型散水ろ床法 ……… 36
フラックス ……………………… 52, **53**
フロート型面積式 ……………… 200
ブロー排水 ……………………… 32
フロック ……………………… 46, **47**

235

※太字は用語解説ページ

分解腐敗性	120
噴霧燃焼	100
分離液	128, 164, 168
分離除去	88, 90, 116
分離接触曝気方式	36
分離曝気方式	36
分流式	6, 24, 112
平均滞留時間	68
平均曝気時間	68
平衡吸着量	56
平衡濃度	56
閉鎖循環方式	188
ヘドロ	3
ベルトプレス	132
ベンゼン	86, 102, 205, 215
ベンチュリ管式	200
返流水対策	138
包括固定化法	72
ホウ素	32, 202, 204, 222
ポリエチレングリコール	**73**
ポリ塩化ジベンゾ-パラ-ジオキシン	222
ポリ塩化ジベンゾフラン	222
ポリクロロビフェニル	100
ポリビニールアルコール	**73**
ポリマー	196
ポンプ場	24, 112, **113**
ポンプ送水	24

マ 行

前処理	116
膜分離	16, 52
膜分離活性汚泥処理	52
膜分離高負荷脱窒素法	162
膜分離プロセス	164
膜分離法	53, 64, 180
水環境汚染	120
水環境保全	12, 114
水資源	187
水需給	186, 188
水俣病	2, 3, 86, **87**
無機系汚泥	147, 190, 191
無希釈	160, 162
無機水銀	86, 92
無菌水	52
無酸素状態	76, 77, 130, 136
無水亜ヒ酸	86
メタンガス	26, 74, 126, 129, 172
メタン生成菌	75
メタン発酵	24, 74, 130, 166, 192
メチルジメトン	86, 98, 215
メチルパラチオン	86, 98, 215

モニタリング施設	182
モノクロラミン	62, 107, **108**

ヤ 行

有害物質	86
有機塩素化合物	2, 102
有機系汚泥	147, 191
有機水銀	2, 86, 92
有機性汚泥	126, 138
有機性廃棄物	26, 166
有機性物質	4, 5
有機リン化合物	12, 86, 98
有効成分の回収	196
融雪用水	188
床洗浄排水	32
陽イオン	58, 64, 88
陽イオン交換樹脂	58, 88
陽イオン交換膜	64
要監視項目	212
溶質濃度	56
溶質量	56
容積式	200
溶存酸素	206
溶存酸素濃度	68
溶融	142, 146
溶融汚泥	146
溶融スラグ	147, 191
溶融プロセス	146
容量分析	202
横形	134
余剰汚泥	6, 68, 74, 80, 164

ラ 行

ラジカル	60, **61**, 98, 180
陸上埋立	152
流域下水汚泥処理事業	142
流域下水道	10, 112, 214, 218
硫化物	88, **89**, 92
流動焼却炉	144, 146, 150, 154, 190
流動床法	74
流量計による測定	200
リン資源回収システム	196
冷却用水	188
冷暖房システム	194
ろ過技術	16
ろ過処理法	98
ろ過装置	50
ろ過池	22
ろ過抵抗	50
ろ材ろ過	50

- 本書の内容に関する質問は，オーム社ホームページの「サポート」から，「お問合せ」の「書籍に関するお問合せ」をご参照いただくか，または書状にてオーム社編集局宛にお願いします．お受けできる質問は本書で紹介した内容に限らせていただきます．なお，電話での質問にはお答えできませんので，あらかじめご了承ください．
- 万一，落丁・乱丁の場合は，送料当社負担でお取替えいたします．当社販売課宛にお送りください．
- 本書の一部の複写複製を希望される場合は，本書扉裏を参照してください．
  JCOPY ＜出版者著作権管理機構 委託出版物＞

基礎からわかる水処理技術

2015 年 2 月 24 日　第 1 版第 1 刷発行
2024 年 9 月 10 日　第 1 版第 8 刷発行

編　　者　タクマ環境技術研究会
発 行 者　村 上 和 夫
発 行 所　株式会社 オ ー ム 社
　　　　　郵便番号　101-8460
　　　　　東京都千代田区神田錦町3-1
　　　　　電 話　03(3233)0641（代表）
　　　　　URL　https://www.ohmsha.co.jp/

© タクマ環境技術研究会 2015

印刷・製本　報光社
ISBN 978-4-274-50537-9　Printed in Japan